# OPUSCULES

# ENTOMOLOGIQUES

PAR

## E. MULSANT

Sous-Bibliothécaire de la ville de Lyon,
Professeur d'Histoire naturelle au Lycée,
Président de la Société Linnéenne,
Membre de l'Académie des Sciences, Belles Lettres et Arts
et des Sociétés d'Agriculture et Littéraire
de la même ville, etc., etc.

**HUITIÈME CAHIER.**

PARIS

MAGNIN, BLANCHARD & Cie, LIBRAIRES,

rue Saint-Jacques, 59.

—

1858.

# OPUSCULES

# ENTOMOLOGIQUES.

# OPUSCULES

# ENTOMOLOGIQUES

PAR

## E. MULSANT

Sous Bibliothécaire de la ville de Lyon,
Professeur d'Histoire naturelle au Lycée,
Président de la Société Linnéenne,
Membre de l'Académie des Sciences, Belles-Lettres et Arts
et des Sociétés d'Agriculture et Littéraire
de la même ville, etc., etc.

---

## HUITIÈME CAHIER.

## PARIS

MAGNIN, BLANCHARD & Cᵉ, LIBRAIRES,
rue Saint-Jacques, 59.

—

1858.

# A MONSIEUR

# LE CHEVALIER EMMANUEL TARANTO,

PROFESSEUR DE PHYSIQUE ET DIRECTEUR DES ÉTUDES

AU LYCÉE ROYAL DE CALATAGIRONE,

Membre et Promoteur de l'Académie de la même ville,

Correspondant de l'Académie des Sciences, Lettres et Arts de Palerme,

de celle des Georgofili de Florence, etc., etc.

MONSIEUR,

Les sciences physiques et naturelles que vous cultivez avec tant de soins, et dont vous avez si bien su répandre le goût, doivent beaucoup à vos talents et à votre zèle; elles vous en ont récompensé en vous donnant une renommée justement méritée. L'hommage que j'ose ici vous adresser en vous dédiant ces pages ne saurait rien ajouter à l'éclat de votre nom, mais il vous servira du moins de témoignage des sentiments de gratitude et d'affection avec lesquels

J'ai l'honneur d'être,

Monsieur,

Votre tout dévoué.

E. MULSANT.

Lyon, 27 juillet 1858.

# TABLE DES MATIÈRES.

# ÉTUDE

SUR LES

# COLÉOPTÈRES DU GENRE BRUCHUS

### QUI SE TROUVENT EN FRANCE,

### Par E. MULSANT & Cl. REY.

( Présentée à l'Académie des Sciences de Lyon dans la séance du 2 mars 1855).

---

Il est difficile de subdiviser le grand genre *Bruchus* en coupes bien distinctes. Les caractères tirés de la forme du prothorax, de la dent de ses côtés et de celle des cuisses postérieures, sont très variables. Néanmoins, ils sont encore les seuls, communs aux deux sexes, dont nous puissions nous servir à l'exemple de Schönherr. Car ils sont fortifiés par d'autres caractères de seconde valeur, soit communs aux deux sexes, soit seulement particuliers au sexe masculin, et qui motivent en quelque sorte la base des coupes du célèbre auteur suédois.

Ainsi, par exemple, chez les espèces à prothorax conique, les antennes sont proportionnellement plus longues et plus fortement en scie que dans la division des espèces à prothorax transversal; les tibias intermédiaires sont simples dans les deux sexes; les antennes sont généralement plus fortement en scie dans les ♂ que dans les ♀; quelquefois, cependant, elles sont semblables dans les deux sexes, mais alors le prothorax est moins conique. Ce dernier est aussi toujours mutique, et les cuisses postérieures en général sont ou sans dents ou obsolètement dentées.

Chez les espèces à prothorax transversal, les antennes ordinairement plus courtes et semblables dans les deux sexes sont cependant fortement dentées dans quelques-unes, surtout chez les ♂, mais alors le prothorax, restant toujours beaucoup moins long que large, affecte une forme plus ou moins conique. Les cuisses postérieures sont le plus souvent dentées, rarement mutiques. Le prothorax, généralement denté, est mutique dans quelques espèces. Chez ces dernières, les tibias intermédiaires sont simples dans les deux sexes, au lieu que chez celles à prothorax denté, ils sont, dans les ♂, toujours plus ou moins arqués en dehors, et terminés intérieurement par des lames, éperons ou dents plus ou moins prolongés.

Enfin, le *pygidium* offre dans sa forme un caractère d'une importance moindre, mais qui se rencontre dans toutes les divisions. Il est, surtout chez les ♂, plus ou moins convexe, plus ou moins vertical, plus ou moins recourbé en dessous. Dans ce dernier cas, il refoule tous les arceaux du ventre, et oblige même le dernier à le recevoir dans une échancrure plus ou moins profonde.

Notre but n'étant point de remanier complètement le genre *Bruchus*, mais seulement de faciliter la détermination des espèces par la séparation des sexes, nous dérangerons le moins possible l'ordre établi par Schönherr, et nous subdiviserons nos Bruches de la manière suivante :

**Prothorax**

— **plus ou moins conique,** sensiblement plus étroit en avant qu'en arrière; à côtés toujours mutiques, plus ou moins obliques, rectilignes ou légèrement arrondis. — Tibias intermédiaires simples dans les deux sexes. **Antennes**. . . . . .

  — **longues,** atteignant au moins, dans les ♂, les deux tiers de la longueur du corps; plus ou moins dilatées intérieurement en dents de scie, plus fortement chez les ♂. **Cuisses postérieures** . . . .

    — distinctement dentées . . . . . . . → *obscuripes.*

    — mutiques ou à peine dentées. . . → *biguttatus. variegatus. dispar. marginellus. varius. imbricornis. canaliculatus. canus. olivacens. virescens. debilis. nanus. perparvulus. cinerascens. misellus. tarsalis. pauper. pygmæus. oblongus. tibialis. anxius. tibiellus.*

  — **atteignant à peine la moitié du corps,** semblables dans les deux sexes; allant en grossissant vers le sommet, légèrement dilatées en dents de scie des deux côtés, ordinairement à partir du 5e article; les extérieurs (moins le dernier) transversaux. — Cuisses postérieures mutiques. → *siculus. inspergatus. picipes. pusillus.*

— **substransversal,** un peu plus étroit en avant qu'en arrière; à côtés toujours mutiques, à peine obliques, largement arrondis antérieurement. — Tibias intermédiaires simples dans les deux sexes. — Antennes des ♂ longues, dépassant la moitié de la longueur du corps, fortement dilatées en dedans en dents de scie. — Cuisses postérieures mutiques . . . . . . . . . . . . . → *miser. foveolatus. murinus. sericatus.*

— **fortement transversal,** à côtés ordinairement peu obliques, plus ou moins arrondis antérieurement. **Côtés du Prothorax**

  — munis d'une dent vers leur milieu. — Antennes atteignant à peine la moitié de la longueur du corps; semblables dans les deux sexes; allant en grossissant vers le sommet, plus ou moins dilatées en dents de scie des deux côtés, ordinairement à partir du 5e article: les extérieurs (moins le dernier) transversaux. — Cuisses postérieures distinctement dentées. — Tibias intermédiaires des ♂ plus ou moins arqués, dentés en dedans à leur sommet. . . . . . . . . . . . . . → *pisi. rufimanus. flavimanus. nubilus. luteicornis. granarius. troglodytes. brachialis. tristis. tristiculus. servatus. pallidicornis. ulicis. viciæ. griseomaculatus. loti. tessellatus.*

  — mutiques. **Cuisses postérieures** . . . .

    — dentées. **Tibias intermédiaires** dentés au sommet dans les ♂ - Antennes simples. → *laticollis.*

    — mutiques dans les deux sexes. **Antennes** semblables dans les deux sexes. → *lividimanus.* / fortement en scie chez le ♂; → *histrio.* / aussi longues que le corps. → *jocosus.*

    — mutiques; tibias intermédiaires mutiques dans les deux sexes . . . . . . . . . . . . . → *cisti. seminarius. alni.*

## Genre : **BRUCHUS**, Linné.

—

**A**. *Prothorax plus ou moins conique, sensiblement plus étroit en avant qu'en arrière ; à côtés toujours mutiques, plus ou moins obliques, rectilignes ou légèrement arrondis. Tibias intermédiaires simples dans les deux sexes.*

**a**. *Antennes longues, atteignant au moins, dans les ♂, les deux tiers de la longueur du corps ; plus ou moins dilatées intérieurement en dents de scie, plus fortement chez les ♂.*

†. *Cuisses postérieures distinctement dentées.*

### OBSCURIPES, Schœnherr.
#### France méridionale.

♂ *Yeux* très grands et très saillants ; *front* pas plus large que la moitié de leur diamètre transversal. *Antennes* médiocrement dilatées intérieurement en dents de scie, à partir du quatrième article inclusivement : le $2^e$ subglobuleux, à peine plus long que large : le $3^e$ obconique, suballongé, légèrement dilaté en dedans, obliquement coupé au sommet : les $4^e$ à $10^e$ un peu plus longs que larges, graduellement un peu plus étroits en approchant du sommet : le dernier en parallélogramme allongé : les $1^{er}$ et $2^e$ testacés en dessous. Les $2^e$, $3^e$ et $4^e$ *arceaux du ventre* un peu plus resserrés dans leur milieu que sur les côtés ; le $5^e$ échancré au milieu de son bord postérieur jusque près de sa base, pour recevoir le *pygidium* qui est convexe, vertical, et se recourbe en dessous.

♀ *Yeux* médiocrement saillants : *front* plus large que la moitié de leur diamètre transversal. *Antennes* légèrement dilatées en dents de scie à partir du $5^e$ article : le $2^e$ subglobuleux à peine plus long que large : les $3^e$ et $4^e$ allongés, obconiques, subégaux: le 5° à peine plus long que large: les 6° à 10° transversaux, graduellement plus courts en approchant du sommet: le 10° néanmoins un peu moins court que les précédents: le dernier ovalaire, acuminé : les quatre premiers articles testacés, avec les 2° et 3° quelquefois rembrunis en dessus. Les 2°, 3° et 4° *arceaux du ventre* non resserrés dans leur milieu : le 5° prolongé en triangle arrondi au sommet. *Pygidium* oblique, très faiblement convexe à sa partie inférieure.

††. *Cuisses postérieures mutiques ou à peine dentées.*

## BIGUTTATUS, Olivier.
### France méridionale.

♂ *Antennes* brusquement et fortement dilatées intérieurement en dents de scie à partir du 4° article : les 2° et 3° très courts, transversaux, subégaux: les 4° à 10° graduellement moins courts et un peu plus étroits en approchant du sommet: le dernier elliptique, oblong. Les 2°, 3° et 4° *arceaux du ventre* faiblement resserrés dans leur milieu : le 5° sinué au milieu de son bord postérieur. *Pygidium* convexe et vertical dans sa moitié inférieure.

♀ *Antennes* légèrement dilatées intérieurement en dents de scie à partir du 5° article : le 2° à peine plus long que large: le 3° un peu plus long que le précédent, obconique: le 4° sensiblement plus long que le 3°, obconique, intérieurement élargi au sommet: les 5° et 10° non transversaux, graduellement et insensiblement plus courts en approchant du sommet; le dernier ovalaire, acuminé. Les 2°, 3° et 4° *arceaux du ventre* non resserrés dans leur milieu : le 5° prolongé en triangle arrondi. *Pygidium* oblique, très faiblement convexe à sa partie inférieure.

Obs. Quelquefois dans les ♀, les 2° et 3° articles des antennes sont obscurément ferrugineux à leur base.

Une variété non signalée par Schönherr, a les élytres complètement noires, sans aucun vestige de tache rougeâtre.

### VARIEGATUS, Germar.

#### France.

♂ *Yeux* très grands et très saillants. *Antennes* fortement dilatées intérieurement en dents de scie à partir du 4e article : le 2e court, transversal : le 3e deux fois plus long que le précédent, fortement dilaté en dedans en forme de triangle, mais non en dent de scie : les 4e à 10e graduellement et insensiblement plus longs et plus étroits en approchant du sommet : le dernier elliptique, oblong : le dessous des 1er et 2e articles, le 3e et la base du 4e, testacés. *Dernier arceau ventral* largement arrondi au sommet. *Pygidium* oblique, légèrement convexe à sa partie inférieure.

♀ *Yeux* médiocrement saillants. *Antennes* faiblement dilatées intérieurement en dents de scie à partir du 5e article : le 2e subglobuleux, pas plus large que long : les 3e et 4e allongés, obconiques, subégaux : les 5e à 10e graduellement et insensiblement un peu plus courts en approchant du sommet : le dernier ovalaire : le dessous des 1er et 2e articles, les 3e et 4e testacés. *Dernier arceau ventral* prolongé en triangle arrondi. *Pygidium* oblique, presque plan ou très faiblement convexe à sa partie inférieure.

Obs. Le *Br. bimaculatus. Ol.* (Ent., tom. IV, n° 79, pag. 20, pl. 3, fig. 22.) n'est assurément pas autre chose que le *Br. variegatus.*

Nous croyons qu'on peut aussi réunir à cette espèce le *Br. dispergatus.* (Schœnherr), qui est d'une taille beaucoup moindre, et dont la tache noire des élytres est moins dénudée.

Quelquefois le 2e article des antennes est entièrement testacé dans l'un et l'autre sexe.

## DISPAR, Schœnherr.
### France.

♂ *Yeux* très grands et très saillants. *Antennes* fortement dilatées intérieurement en dents de scie à partir du 4ᵉ article: les 2ᵉ et 3ᵉ courts, à peine aussi longs que larges, subégaux : les 4ᵉ à 10ᵉ graduellement un peu moins courts en approchant du sommet : le dernier elliptique, oblong : les 1ᵉʳ, 2ᵉ, 3ᵉ, 4ᵉ, 9ᵉ, 10ᵉ et 11ᵉ testacés, avec les 1ᵉʳ et 2ᵉ rembrunis en dessus. *Tibias antérieurs* légèrement arqués et rétrécis avant leur sommet. Le *5ᵉ arceau ventral* largement arrondi à son bord postérieur. *Pygidium* oblique, sensiblement convexe et subvertical dans son tiers inférieur.

♀ *Yeux* médiocrement saillants. *Antennes* faiblement dilatées intérieurement en dents de scie à partir du 5ᵉ article : les 2ᵉ et 3ᵉ suballongés, subégaux : le 4ᵉ obconique, pas plus long mais plus dilaté que le précédent : les 5ᵉ à 10ᵉ graduellement et insensiblement un peu plus courts en approchant du sommet, avec les extérieurs faiblement transversaux : le dernier ovallaire : les 1ᵉʳ, 2ᵉ, 3ᵉ, 4ᵉ, la base du 5ᵉ, les 10ᵉ et 11ᵉ testacés, avec les 1ᵉʳ et 2ᵉ, rembrunis en dessus. *Tibias antérieurs* simples et droits. Le *5ᵉ arceau ventral* prolongé en triangle arrondi. *Pygidium* oblique, presque plan, ou très faiblement convexe à sa partie inférieure.

Obs. Quelquefois dans les ♂, le 8ᵉ article des antennes est obscurément testacé ; dans les ♀, les 5ᵉ et 9ᵉ articles des mêmes organes sont rarement plus ou moins testacés, avec les 6ᵉ, 7ᵉ et 8ᵉ d'un ferrugineux obscur.

Le *Br. braccatus.* (Schoenherr), que nous considérons comme une variété du *Br. dispar*, ne s'en distingue que par le dernier article de ses antennes seul d'un testacé obscur, et par ses tarses postérieurs noirs.

Le *Br. fasciatus. Ol.* (Ent. tom. IV, nᵒ 79, pag. 20, pl. 3, fig. 25.), à part la couleur des pieds, semble assez convenir au *Br. dispar*.

### MARGINELLUS, Fabricius, Schœnherr.
#### France.

♂ *Antennes* fortement dilatées intérieurement en dents de scie à partir du 4ᵉ article : les 2ᵉ et 3ᵉ courts, transversaux, subégaux : les 4ᵉ à 10ᵉ aussi longs que larges, subégaux, avec le 9ᵉ un peu plus étroit et par conséquent paraissant moins court que les précédents : le dernier en parallélogramme oblong. Le 5ᵉ *arceau ventral* subsinué au milieu de son bord postérieur. *Pygidium* convexe et subvertical dans sa partie inférieure.

♀ *Antennes* faiblement dilatées intérieurement en dents de scie à partir du 4ᵉ article : le 2ᵉ subglobuleux, à peine aussi long que large : le 3ᵉ obconique, un peu plus long que le précédent : le 4ᵉ obconique, à peine plus long mais plus élargi que le 3ᵉ : les 5ᵉ à 10ᵉ subégaux, à peine plus longs que larges, mais non transversaux : le dernier ovalaire, acuminé. Le 5ᵉ *arceau ventral* prolongé en triangle arrondi. *Pygidium* oblique, très faiblement convexe.

Obs. Dans cette espèce, les *yeux* sont un peu plus gros dans le ♂ que dans la ♀ ; mais cette différence est moins forte que chez les espèces voisines.

### VARIUS, Olivier, Schœnherr.
#### France.

♂ *Yeux* gros et saillants. *Antennes* fortement dilatées intérieurement en dents de scie à partir du 4ᵉ article : les 2ᵉ et 3ᵉ courts, pas plus longs que larges, subégaux : les 4ᵉ à 10ᵉ graduellement moins courts et insensiblement un peu plus étroits en approchant du sommet : le dernier allongé, elliptique : les 1ᵉʳ, 2ᵉ, 3ᵉ, 4ᵉ, 9ᵉ, 10ᵉ et 11ᵉ testacés, avec les

1er et 2e rembrunis en dessus. *Tibias antérieurs* légèrement arqués avant leur extrémité. *Dernier arceau ventral* légèrement subsinué au milieu de son bord postérieur. *Pygidium* légèrement convexe et subvertical dans sa partie inférieure.

♀ *Yeux* médiocrement saillants. *Antennes* passablement dilatées intérieurement en dents de scie à partir du 5e article : les 2e et 3e un peu plus longs que larges, subégaux : le 4e obconique, guère plus long mais un peu plus élargi que le précédent : le 5e aussi long que large : les 6e à 10e faiblement transversaux : le 10e un peu moins que les précédents : le dernier ovalaire : les 1er, 2e, 3e, 4e, base du 5e et le 11e testacés, avec les 1er et 2e un peu rembrunis en dessus. *Tibias antérieurs* simples et droits. *Dernier arceau ventral* prolongé en triangle arrondi. *Pygidium* oblique, très faiblement convexe.

Obs. Le 7e article des antennes est quelquefois plus ou moins testacé dans le ♀.

Le *Br. galegœ.* (Schœnherr) nous paraît une variété du *Br. varius*, d'une taille moindre et à antennes entièrement ferrugineuses ou testacées.

### IMBRICORNIS, Panzer, Schœnherr.
#### France.

♂ *Yeux* grands et saillants. *Antennes* très fortement dilatées intérieurement en dents de scie à partir du 4e article : les 2e et 3e très courts, transversaux, subégaux : les 4e à 10e transversaux, les 6e à 10e graduellement et insensiblement moins courts et un peu plus étroits : le dernier oblong, elliptique. *Tibias antérieurs* légèrement arqués avant leur extrémité. *Dernier arceau ventral* très obtus ou faiblement subsinué au milieu de son bord postérieur. *Pygidium* légèrement convexe et subvertical dans son quart inférieur.

♀ *Yeux* médiocrement saillants. *Antennes* passablement

dilatées intérieurement en dents de scie à partir du 5e article: les 2e et 3e suballongés, subégaux : le 4e un peu plus court que le précédent, mais plus élargi, obconique : les 5e à 10e graduellement un peu plus courts et insensiblement un peu plus larges en approchant du sommet, avec les extérieurs légèrement transversaux : le dernier ovalaire. *Tibias antérieurs* simples et droits. *Dernier arceau ventral* prolongé en triangle arrondi. *Pygidium* oblique, presque plan, ou très faiblement convexe à sa partie inférieure.

OBS. Dans cette espèce les antennes sont, chez les deux sexes, entièrement testacées, avec les intersections des articles extérieurs ordinairement un peu plus obcurs.

## CANALICULATUS, Nobis.

**France méridionale.**

*Breviter ovatus, subdepressus, niger, pube tenui, sericeo-cinerascenti sat dense vestitus; prothorace convexo, conico, fortitèr rugoso-punctato, basi fossulato, dorso longitudinaliter subtilitèr canaliculato; elytris tenuitèr striato-punctatis, interstitiis subtilissimè rugoso punctulatis. Pygidio ovali, convexo.*

**Long. 0,0039 (1 l. 3/4). — Larg. 0,0022 (1 l.).**

♂ *Antennnes* fortement dilatées intérieurement en dents de scie à partir du 4e article : les 2e et 3e articles courts, transversaux, subégaux : le 2e globuleux : le 3e un peu plus élargi que le précédent : les 4e à 10e un peu plus longs que larges, graduellement et sensiblement plus étroits en approchant du sommet, ce qui rend les extérieurs plus allongés : le dernier deux fois plus long que large, obtus à son extrémité. Les 2e, 3e et 4e *arceaux du ventre* fortement resserrés dans leur milieu : le 5e profondément échancré au milieu de son bord postérieur, presque jusqu'à sa base, pour recevoir le *pygidium* qui se recourbe en dessous : celui-ci vertical, longitudinalement très convexe. *Elytres* subdéprimées.

♀ *Antennes* très faiblement dilatées intérieurement en

dents de scie à partir du 4e article : les 2e et 3e un peu plus longs que larges, subégaux : les 4e à 10e oblongs, graduellement un peu plus courts en approchant du sommet : le dernier oblong. Les 2e, 3e et 4e *arceaux du ventre* non resserrés dans leur milieu : le 5e largement arrondi au sommet. *Pygidium* oblique, longitudinalement assez convexe. *Elytres* légèrement convexes.

*Corps* brièvement ovale ; subdéprimé ; d'un noir mat, couvert d'une pubescence fine, soyeuse et cendrée.

*Tête* oblongue, assez fortement et rugueusement ponctuée, et marquée entre les antennes d'une impression transversale. *Front* longitudinalement convexe ; offrant un petit espace lisse au milieu, et séparé de l'épistome par une suture en forme de chevron dont l'ouverture regarde la bouche. *Epistome* oblong, anguleux à la base, légèrement sinueux au sommet ; lisse au milieu et assez fortement ponctué sur les côtés. *Labre* transversal, aussi large que l'épistome, obtusément tronqué au sommet, fortement arrondi sur les côtés et aux angles antérieurs ; obsolètement et éparsement ponctué. *Palpes maxillaires* et *parties de la bouche* d'un noir brillant. *Yeux* grands ; à peine plus saillants dans le ♂ que dans la ♀ ; profondément bilobés ; noirs avec des reflets micacés.

*Antennes* à peine plus courtes que le corps chez le ♂, atteignant au moins les trois quarts de la longueur du corps chez la ♀ ; noires et garnies d'un duvet grisâtre ou cendré grisâtre, très fin.

*Prothorax* conique, profondément bissinué à la base, où il est un peu plus large que long ; trois fois plus large à celle-ci qu'au sommet ; tronqué à celui-ci ; à côtés presque droits ; à angles postérieurs aigus, moins prolongés en arrière que le *lobe médian :* celui-ci large, tronqué, avec une petite entaille au milieu de son bord postérieur, et marqué en dessus d'une fossette oblongue dont le fond est presque lisse ; garni de poils grisâtres, un peu plus serrés en arrière du lobe médian, où ils forment comme une espèce de tache banchâtre souvent peu marquée ; convexe, fortement et rugueusement ponctué, et creusé sur son milieu d'un sillon longitudinal fin, et s'effaçant un peu avant le bord antérieur.

*Ecusson* petit, bilobé ; rugueux ; noir, garni de poils cendrés.

*Elytres* en carré long, deux fois plus longues que le prothorax, de la largeur de celui-ci à leur base ; à calus huméral assez prononcé, oblong ; à côtés un peu élargis derrière les épaules jusqu'au tiers antérieur, puis subparallèles dans le reste de leur longueur ; largement arrondies ou subarrondies chacune à leur extrémité, ainsi qu'aux angles postéro-externes, avec l'angle sutural à peine senti, très obtus, presque arrondi ; très étroitement rebordées dans leur périphérie ; subdéprimées ($\male$) ou très légèrement convexes ($\female$) ; noires, et assez densement couvertes d'une pubescence fine, couchée, grisâtre et soyeuse ; marquées chacune de dix stries fines, obsolètement ponctuées : la suturale partant des côtés de l'écusson pour aller rejoindre l'angle sutural, où elle se recourbe en dehors pour se confondre avec le rebord apical : les neuf autres, s'arrêtant avant le sommet : les 2e et 3e les plus prolongées, recourbées en dehors, tendant à se rapprocher l'une de l'autre sans pourtant se réunir : les 4e et 5e les plus courtes, le plus souvent réunies postérieurement : les 6e et 7e un peu plus longues que les précédentes, recourbées en dedans et quelquefois réunies : les 8e et 9e encore un peu plus prolongées que les 6e et 7e, sans l'être autant que les 2e et 3e, recourbées en dedans et quelquefois réunies : la 10e courte, dépassant à peine les deux tiers de la longueur de l'élytre, située sur la partie infléchie de celle-ci et dont elle suit la flexuosité : ces stries un peu plus profondes à leur base : les 2e et 3e, les 4e et 5e sont réunies deux à deux antérieurement : la 6e flexueuse en devant : la 7e, antérieurement déjetée en dehors, ne naît que derrière le calus huméral, et la 8e, également un peu déjetée en dehors, part d'un peu plus haut. Intervalles assez larges ; plans ; finement et rugueusement ponctués : le 1er à partir de la strie suturale, et plus rarement le 2e, offrent à leur base de gros points enfoncés, disposés en série longitudinale.

*Pygidium* plus long que large ; ovale ; convexe ; finement et densement ponctué ; couvert d'une pubescence très fine et très serrée, grisâtre.

*Pieds* assez longs ; pubescents ; finement ponctués, noirs. *Tibias antérieurs et intermédiaires* assez grêles : les *postérieurs* plus longs, plus forts à leur extrémité. *Cuisses postérieures* légèrement renflées ; munies vers les trois quarts de leur tranche inféro-interne d'une élévation dentiforme, obsolète. *Tarses postérieurs* allongés : 3e article de tous les tarses garni en dessous d'une brosse de poils blanchâtres, serrés.

*Dessous du corps* d'un noir assez brillant ; convexe ; couvert d'une pubescence grise, fine, assez serrée. *Poitrine* plus fortement et plus rugueusement ponctuée que le ventre.

Patrie : La Provence. Juin. Sur les fleurs des Cistes et des plantes cichoracées.

Obs. Cette espèce, la plus grande de celles à prothorax conique, diffère du *Br. canus*, Germ., par sa taille une fois plus forte, par les articles des antennes proportionnellement moins courts, par son prothorax plus grossièrement ponctué et surtout canaliculé. Ce dernier caractère suffit pour le distinguer de tous ses congénères.

## CANUS, Germar.

France.

♂ *Antennes* médiocrement dilatées en dents de scie peu aiguës à partir du 4e article : les 2e et 3e assez courts, transversaux, subégaux : le 3e un peu plus élargi que le précédent : les 4e à 10e guère plus longs que larges, subégaux : le dernier subelliptique. *Dernier arceau du ventre* obtusément arrondi ou légèrement subsinué au milieu de son bord postérieur. *Pygidium* assez fortement convexe et vertical dans son tiers inférieur.

♀ *Antennes* faiblement dilatées en dents de scie à partir du 4e article : les 2e et 3e assez courts, à peine aussi longs que larges : le 2e subglobuleux : le 3e un peu plus élargi, obconique : les 4e à 10e un peu plus longs que larges, subégaux : le dernier ovalaire. *Dernier arceau ventral* largement arrondi à son bord postérieur. *Pygidium* faiblement convexe, vertical dans son quart inférieur.

### OLIVACEUS, Germar, Schœnherr.


♂ *Antennes* médiocrement dilatées intérieurement en dents de scie à partir du 4e article : le 2e à peine aussi long que large : le 3e à peine plus long que le précédent : les 4e à 10e graduellement un peu plus courts en approchant du sommet : les extérieurs pas plns longs que larges : le dernier ovalaire, acuminé. *Dernier arceau ventral* sinué au milieu de son bord postérieur. *Pygidium* fortement convexe et vertical dans son tiers inférieur.

♀ *Antennes* faiblement dilatées intérieurement en dents de scie à partir du 4e article : le 2e à peine aussi long que large, subglobuleux : le 3e un peu plus long et un peu plus élargi que le précédent : les 4e à 10e graduellement un peu plus courts en approchant du sommet : les extérieurs subtransversaux : le dernier brièvement ovalaire, acuminé. *Dernier arceau ventral* assez prolongé, largement arrondi au milieu de son bord postérieur. *Pygidium* oblique, légèrement convexe et vertical dans son quart inférieur.

### VIRESCENS, Sturm, Schœnherr.

Languedoc.

♂ *Antennes* faiblement dilatées intérieurement en dents de scie à partir du 5ᵉ article : le 2ᵉ subglobuleux, pas plus long que large : le 3ᵉ sensiblement plus long que le précédent, obconique : le 4ᵉ de la longueur du 3ᵉ, mais un peu plus élargi, obconique : le 5ᵉ un peu plus long que large : les 6ᵉ à 10ᵉ transversaux, graduellement et insensiblement un peu plus courts en approchant du sommet : le dernier ovalaire, acuminé. *Dernier arceau ventral* sinué au milieu de son bord postérieur. *Pygidium* convexe et vertical dans son tiers inférieur.

Obs. Cette espèce, dont nous ne connaissons que les ♂, se distingue du *Br. olivaceus*, Schœnherr, par ses antennes un peu plus grêles à la base, et par ses élytres plus déprimées.

### DEBILIS, Schœnherr.

France.

♂ *Antennes* assez fortement dilatées intérieurement en dents de scie à partir du 4ᵉ article : les 2ᵉ et 3ᵉ courts, transversaux, subégaux : les 4ᵉ à 10ᵉ guère plus longs que larges, subégaux : le dernier ovalaire, subacuminé. *Dernier arceau ventral* obtusément arrondi au sommet. *Pygidium* assez convexe, vertical dans son tiers inférieur.

♀ *Antennes* faiblement dilatées intérieurement en dents de scie à partir du 5ᵉ article : le 2ᵉ court, subglobuleux, transversal : le 3ᵉ un peu plus long que large : le 4ᵉ obconique, sensiblement plus long et plus élargi que le précédent : les 5ᵉ à 10ᵉ graduellement un peu plus courts en approchant du sommet : les extérieurs transversaux : le dernier ovalaire, acuminé. *Dernier arceau ventral* arrondi au sommet. *Pygidium* faiblement convexe, subvertical dans son quart inférieur.

### NANUS, Germar, Schœnherr.

Provence, Languedoc.

♂ *Antennes* fortement dilatées intérieurement en dents de scie à partir du 4ᵉ article : le 2ᵉ court, subglobuleux, à peine aussi long que large ; le 3ᵉ beaucoup plus grand, plus élargi, triangulaire, mais non en dents de scie : les 4ᵉ à 10ᵉ en dents de scie aiguës : le 4ᵉ subtransversal : les 5ᵉ à 10ᵉ plus allongés, graduellement un peu plus longs et un peu plus étroits en approchant du sommet : le dernier allongé, obtusément acuminé. *Dernier arceau ventral* subsinué au milieu de son bord postérieur. *Pygidium* assez convexe et subvertical à sa partie inférieure.

♀ *Antennes* faiblement dilatées intérieurement en dents de scie à partir du 5ᵉ article : le 2ᵉ à peine plus long que large : les 3ᵉ et 4ᵉ allongés, obconiques, subégaux : le 4ᵉ un peu plus élargi que le 3ᵉ : les 5ᵉ à 10ᵉ graduellement et insensiblement un peu plus courts : les extérieurs transversaux : le dernier courtement ovalaire, subacuminé. *Dernier arceau ventral* largement arrondi à son bord postérieur. *Pygidium* oblique, légèrement convexe à sa partie inférieure.

Oʙs. Quelquefois le 2ᵉ article des antennes est ferrugineux à sa base.

### PERPARVULUS, Schœnherr.

Tours.

Oʙs. Cette espèce, que nous n'avons point vue, appartient peut-être à cette coupe.

### CINERASCENS, Schœnherr.

Languedoc.

♂ *Antennes* assez fortement dilatées intérieurement en dents de scie peu saillantes, à partir du 5ᵉ article : les 2ᵉ, 3ᵉ et 4ᵉ suballongés, obconiques, subégaux : le 4ᵉ un peu plus élargi que le 3ᵉ : les 5ᵉ à 10ᵉ graduellement et insensiblement un peu plus courts en approchant du sommet : les 5ᵉ et 6ᵉ aussi longs que larges, les extérieurs subtransversaux : le dernier ovalaire, acuminé. *Dernier arceau ventral* obtusément arrondi au milieu de son bord postérieur. *Pygidium* légèrement convexe, subvertical à sa partie inférieure.

♀ *Antennes* faiblement dilatées intérieurement en dents de scie peu saillantes, à partir du 5ᵉ article : les 2ᵉ, 3ᵉ et 4ᵉ obconiques, suballongés, subégaux : le 4ᵉ un peu plus élargi que le 3ᵉ : les 5ᵉ à 10ᵉ graduellement et insensiblement un peu plus courts : les 5ᵉ et 6ᵉ un peu plus longs que larges : les extérieurs presque transversaux : le dernier ovalaire, acuminé. *Dernier arceau ventral* arrondi à son bord postérieur. *Pygidium* oblique, légèrement convexe.

Obs. Dans les deux sexes de cette espèce, les 1ᵉʳ, 2ᵉ, 3ᵉ et 4ᵉ articles des antennes sont testacés, avec souvent un trait rembruni sur leur tranche supérieure.

### MISELLUS, Schœnherr.



♂ *Antennes* fortement dilatées intérieurement en dents de scie à partir du 4ᵉ article : les 2ᵉ et 3ᵉ à peine aussi longs que larges, subégaux : le 5ᵉ un peu plus long que large : les 6ᵉ à 10ᵉ pas plus longs que larges, subégaux : le dernier ovalaire, oblong, subacuminé : les 2ᵉ, 3ᵉ, 4ᵉ *arceaux du ventre* un peu plus resserrés dans leur milieu que sur les côtés : le *dernier* fortement sinué ou échancré au milieu de son bord postérieur, presque jusqu'à sa base, pour recevoir le *pygidium* qui se recourbe en dessous : celui-ci très convexe, vertical.

♀ *Antennes* sensiblement dilatées intérieurement en dents de scie à partir du 5ᵉ article : les 2ᵉ et 3ᵉ aussi longs que larges, subégaux : le 4ᵉ plus long et plus dilaté que le précédent, obconique : le 5ᵉ pas plus long que large : les 6ᵉ à 10ᵉ subégaux, faiblement transversaux : le dernier ovalaire, subacuminé : les 2ᵉ, 3ᵉ et 4ᵉ *arceaux du ventre* non resserrés dans leur milieu : le 5ᵉ assez prolongé, et obtusément arrondi à son bord postérieur. *Pygidium* oblique, légèrement convexe à sa partie inférieure.

### TARSALIS, Schœnherr.
#### Provence.

♀ *Antennes* médiocrement dilatées intérieurement en dents de scie à partir du 5ᵉ article : le 2ᵉ subglobuleux, à peine plus long que large : les 3ᵉ et 4ᵉ obconiques, subégaux : le 4ᵉ un peu plus élargi que le précédent : les 4ᵉ à 10ᵉ graduellement un peu plus courts : les extérieurs subtransversaux ; le dernier ovalaire, acuminé. *Dernier arceau ventral* assez prolongé, arrondi au sommet. *Pygidium* oblique, faiblement convexe à sa partie inférieure.

Obs. Dans cette espèce, dont nous ne connaissons que la ♀, les quatre premiers articles des antennes sont testacés, avec les 1ᵉ et 2ᵉ rembrunis en dessus. Le prothorax est moins conique que dans les espèces voisines.

### PAUPER, Schœnherr.
#### Provence, Languedoc.

♂ *Antennes* légèrement dilatées intérieurement en dents de scie peu aiguës, à partir du 4ᵉ article : les 2ᵉ et 3ᵉ articles courts, subégaux, subtransversaux : les 4ᵉ à 10ᵉ graduellement et insensiblement un peu plus courts : les 4ᵉ, 5ᵉ et 6ᵉ guère plus longs que larges ; les extérieurs presque transversaux : le dernier courtement ovalaire, subacuminé : les 2ᵉ, 3ᵉ et 4ᵉ *arceaux du ventre* faiblement resserrés dans leur milieu : le *dernier* sensiblement sinué au milieu de son bord postérieur.

*Pygidium* ovale, oblong, convexe, vertical dans sa partie inférieure.

Obs. Nous ne connaissons que le ♂ de cette espèce, qui diffère de la suivante par ses antennes moins grêles à la base, à 4ᵉ article plus grand et plus dilaté.

### PYGMŒUS, Schœnherr.

Bugey, Provence.

♂ *Antennes* légèrement dilatées intérieurement en dents de scie à partir du 5ᵉ article : le 2ᵉ subglobuleux, pas plus long que large : le 3ᵉ pas plus long mais un peu plus grêle que le précédent : le 4ᵉ obconique, un peu plus long et surtout plus dilaté que le 3ᵉ, triangulaire mais non en dent de scie : les 5ᵉ à 10ᵉ graduellement et insensiblement un peu plus courts en approchant du sommet : les extérieurs presque transversaux : le dernier ovalaire, acuminé. *Dernier arceau ventral* obtusément arrondi au milieu de son bord postérieur. *Pygidium* convexe et subvertical dans son quart inférieur.

♀ *Antennes* très légèrement dilatées intérieurement en dents de scie à partir du 5ᵉ article : le 2ᵉ à peine plus long que large : le 3ᵉ obconique, suballongé, un peu plus grêle que le précédent : le 4ᵉ allongé, obconique, sensiblement plus long et un peu plus dilaté que le précédent : les 5ᵉ à 10ᵉ graduellement un peu plus courts en approchant du sommet : les 5ᵉ et 6ᵉ un peu plus longs que larges : les extérieurs sub-transversaux : le dernier brièvement ovalaire, subacuminé. *Dernier arceau ventral* assez prolongé, arrondi au milieu de son bord postérieur. *Pygidium* oblique, légèrement convexe à sa partie inférieure.

### OBLONGUS, Blanchard.

Languedoc, Provence.

♂ *Antennes* légèrement dilatées intérieurement, mais distinctement dentées en scie à partir du 5ᵉ article : les 2ᵉ et

5ᵉ allongés, obconiques : le 3ᵉ paraissant à peine plus long que le précédent : le 4ᵉ obconique, sensiblement plus long et plus élargi que le 3ᵉ : les 5ᵉ à 10ᵉ allongés, graduellement un peu moins longs en approchant du sommet : le dernier ovalaire, acuminé.

♀ *Antennes* sensiblement plus courtes que dans le ♂, très faiblement dilatées intérieurement en dents de scie à partir du 5ᵉ article : le 2ᵉ suballongé ; les 3ᵉ et 4ᵉ allongés, obconiques, subégaux : le 4ᵉ un peu plus élargi que le précédent : les 5ᵉ à 10ᵉ graduellement un peu plus courts et plus larges : les 5ᵉ et 6ᵉ plus longs que larges : les extérieurs plus ou moins transversaux : le dernier brièvement ovalaire, acuminé.

Obs. Dans les deux sexes de cette espèce, les 1ᵉʳ, 2ᵉ, 3ᵉ, 4ᵉ articles des antennes et la base du 5ᵉ sont testacés, avec le 1ᵉʳ rembruni en dessus. Le *pygidium* ne diffère guère du ♂ à la ♀ ; il est oblong, très oblique et presque plan.

### TIBIALIS, Schœnherr.
#### Languedoc.

♀ *Antennes* légèrement dilatées intérieurement en dents de scie à partir du 5ᵉ article : le 2ᵉ subglobuleux, paraissant un peu plus long que large : les 3ᵉ et 4ᵉ obconiques, allongés, subégaux : le 4ᵉ à peine plus dilaté que le précédent : les 5ᵉ à 10ᵉ graduellement un peu plus courts et plus larges en approchant du sommet : les 5ᵉ, 6ᵉ et 7ᵉ un peu plus longs que larges : les 8ᵉ, 9ᵉ et 10ᵉ pas plus longs que larges : le dernier ovalaire, acuminé. *Dernier arceau ventral* assez prolongé, arrondi au sommet. *Pygidium* oblique, faiblement convexe à sa partie inférieure.

Obs. Nous ne connaissons que la ♀ de cette espèce, qui a le prothorax moins conique que ses voisines. Les antennes sont testacées, avec le dessus des 1ᵉʳ et 2ᵉ articles et les intersections des extérieurs un peu rembrunis.

**ANXIUS**, Schœnherr.
France méridionale.

♂ *Antennes* fortement dilatées en dents de scie peu saillantes, à partir du 4ᵉ article : les 2ᵉ et 3ᵉ obconiques, subégaux, à peine plus longs que larges : les 4ᵉ à 10ᵉ graduellement un peu moins courts en approchant du sommet : les 5ᵉ, 6ᵉ, 7ᵉ et 8ᵉ transversaux : les 9ᵉ et 10ᵉ subtransversaux : le dernier ovalaire, acuminé : les 1ᵉʳ, 2ᵉ et 3ᵉ articles testacés, rembrunis en dessus. Les 2ᵉ, 3ᵉ et 4ᵉ *arceaux du ventre* assez resserrés en leur milieu : le 5ᵉ sinué ou échancré, jusqu'à la base, au milieu de son bord postérieur, pour recevoir le *pygidium* qui se recourbe en dessous : celui-ci très convexe, vertical.

♀ *Antennes* assez fortement dilatées en dents de scie peu saillantes, à partir du 5ᵉ article : les 2ᵉ et 3ᵉ obconiques, subégaux, à peine plus longs que larges : le 4ᵉ plus élargi que le précédent : les 5ᵉ à 10ᵉ transversaux, graduellement un peu plus courts et un peu plus larges en approchant du sommet : le dernier brièvement ovalaire, acuminé : les 1ᵉʳ, 2ᵉ, 3ᵉ et 4ᵉ testacés, rembrunis en dessus. Les 2ᵉ, 3ᵉ et 4ᵉ *arceaux du ventre* très faiblement resserrés dans leur milieu : le *dernier* sensiblement sinué à son bord postérieur. *Pygidium* assez convexe, vertical.

**TIBIELLUS**, Schœnherr.
France.

♂ *Antennes* fortement dilatées en dents de scie peu saillantes, à partir du 5ᵉ article : les 2ᵉ et 3ᵉ subégaux, à peine plus longs que larges : le 4ᵉ plus grand et sensiblement plus élargi que le précédent : les 5ᵉ à 10ᵉ subtransversaux, subégaux ; le dernier ovalaire, acuminé : les 1ᵉʳ, 2ᵉ, 3ᵉ et 4ᵉ articles testacés, avec le 1ᵉʳ rembruni en dessus. Les 2ᵉ, 3ᵉ et 4ᵉ *arceaux du ventre* très faiblement resserrés dans leur milieu : le

5ᵉ sensiblement sinué au milieu de son bord postérieur. *Pygidium* convexe, vertical dans sa moitié inférieure.

♀ *Antennes* assez fortement dilatées en dents de scie peu saillantes, à partir du 5ᵉ article : le 2ᵉ subglobuleux, pas plus long que large : le 3ᵉ un peu plus long que le précédent, obconique : le 4ᵉ pas plus long que le 3ᵉ, mais plus élargi : les 5ᵉ à 10ᵉ transversaux, graduellement un peu plus courts et plus larges : le dernier brièvement ovalaire, acuminé : les 1ᵉʳ, 2ᵉ, 3ᵉ et 4ᵉ testacés, avec le 1ᵉʳ rembruni en dessus. Les 2ᵉ, 3ᵉ et 4ᵉ *arceaux du ventre* à peine resserrés dans leur milieu : le 5ᵉ obtusément arrondi à son bord postérieur. *Pygidium* convexe, subvertical dans sa moitié inférieure.

Obs. Cette espèce ressemble beaucoup au *Br. anxius*, Schoenherr, dont il diffère par ses antennes plus pâles à la base, par ses pieds antérieurs testacés, par son prothorax paraissant moins conique et un peu plus large en avant.

Dans ces deux dernières espèces, les antennes sont assez distinctement en scie en dehors.

**b.** *Antennes atteignant à peine la moitié du corps, semblables dans les deux sexes, allant en grossissant vers le sommet, légèrement dilatées en dents de scie des deux côtés, ordinairement à partir du 5ᵉ article : les extérieurs (moins le dernier) transversaux. Cuisses postérieures obsolètement dentées, ou mutiques.*

### SICULUS, Schœnherr.

Provence.

♂ *Dernier arceau ventral* non prolongé, obtusément arrondi à son bord postérieur. *Pygidium* convexe, subvertical dans sa moitié inférieure.

♀ *Dernier arceau ventral* prolongé en triangle arrondi au sommet. *Pygidium* légèrement convexe, oblique.

Obs. Dans cette espèce, les antennes, entièrement testacées chez les deux sexes, avec les intersections des articles extérieurs un peu obscurcis, ont ces derniers sensiblement plus courts chez le ♂ que chez la ♀.

### INSPERGATUS, Schœnherr.
**France.**

♂ *Dernier arceau ventral* profondément sinué au milieu de son bord postérieur. *Pygidium* très convexe, vertical à partir du tiers inférieur.

♀ *Dernier arceau ventral* faiblement subsinué ou obtusément arrondi au milieu de son bord postérieur. *Pygidium* légèrement convexe, oblique ou subvertical dans son quart inférieur.

Obs. Dans cette espèce, la couleur des pieds est très variable; dans le type, le sommet des cuisses antérieures et intermédiaires, les tibias et les tarses des mêmes pieds, les tibias et les tarses des pieds postérieurs, sont testacés, avec le 4ᵉ article de tous les tarses rembruni. Dans une première variété, les tarses postérieurs sont entièrement obscurs. Dans une 2ᵉ, tous les pieds sont de cette couleur, à l'exception des genoux, du sommet des tibias des deux premières paires, et du 4ᵉ article de tous les tarses, qui sont plus ou moins testacés. Enfin, dans une 3ᵉ variété, la plus grande partie des cuisses antérieures et intermédiaires et les antennes sont testacées. C'est à celle-ci que nous rapportons le *Br. femoralis*. (Sch.)

### PICIPES, Germar, Schœnherr.
**France méridionale.**

♂ *Dernier arceau ventral* profondément sinué au milieu de son bord postérieur. *Pygidium* très convexe, vertical à partir de son tiers inférieur.

♀ *Dernier arceau ventral* faiblement subsinué ou obtusément arrondi au milieu de son bord postérieur. *Pygidium* légèrement convexe, subvertical dans son quart inférieur.

Obs. Cette espèce pourrait bien n'être qu'une variété du *Br. inspergatus,* à antennes et pieds testacés.


### PUSILLUS, Germar, Schœnherr.

#### France.

♂ *Dernier arceau ventral* assez profondément sinué au milieu de son bord postérieur. *Pygidium* très convexe, vertical dans son tiers inférieur.

♀ *Dernier arceau ventral* faiblement prolongé, largement arrondi à son bord postérieur. *Pygidium* assez convexe, vertical dans son quart inférieur.

**B.** *Prothorax subtransversal, un peu plus étroit en avant qu'en arrière, à côtés toujours mutiques, à peine obliques, largement arrondis antérieurement. — Tibias intermédiaires simples dans les deux sexes. — Antennes des* ♂ *longues, dépassant la moitié de la longueur du corps, fortement dilatées intérieurement en dents de scie. — Cuisses postérieures mutiques.*


### MISER, Schœnherr.

#### France méridionale.

♂ *Antennes* fortement et brusquement dilatées intérieurement en dents de scie à partir du 5$^e$ article : les 2$^e$ et 3$^e$ subglobuleux, à peine aussi longs que larges : les 4$^e$ à 10$^e$ graduellement moins courts et insensiblement moins larges en approchant du sommet : les 4$^e$ à 7$^e$ subtransversaux : les 8$^e$ à 10$^e$ un peu plus longs que larges : le dernier allongé, subelliptique : le sommet du 1$^{er}$, les 2$^e$ et 3$^e$ d'un testacé ferrugineux. Les 2$^e$, 3$^e$ et 4$^e$ *arceaux du ventre* fortement refoulés dans leur milieu: le 5$^e$ profondément sinué ou échancré, jusqu'à sa base, au milieu de son bord postérieur, pour recevoir le *pygidium* qui se recourbe en dessous : celui-ci convexe, vertical.

♀ *Antennes* légèrement dilatées intérieurement en dents

de scie à partir du 5° article : le 2° subglobuleux, aussi long que large : le 3° obconique, sensiblement plus long que le précédent : le 4° obconique, un peu plus long mais visiblement plus dilaté que le 3° : les 5° à 10° graduellement un peu plus courts en approchant du sommet : les extérieurs transversaux : le dernier brièvement ovalaire, acuminé : le sommet du 1°ʳ, les 2° et 3° d'un testacé ferrugineux. Les 2°, 3° et 4° *arceaux du ventre* à peine resserrés en leur milieu : le 5° légèrement sinué au milieu de son bord apical. *Pygidium* assez convexe, vertical dans sa moitié inférieure.

### FOVEOLATUS, Schœnherr.

Provence.

Obs. Cette espèce, qui offre les mêmes différences sexuelles que la précédente, ne nous en paraît qu'une variété de taille inférieure.

### MURINUS, Schœnherr.

Languedoc, Provence.

♂ *Antennes* fortement dilatées intérieurement, à partir du 5° article, en dents de scie aiguës et recourbées : le 2° court, globuleux, subtransversal : le 3° un peu plus long et plus élargi : le 4° beaucoup plus long que le précédent, passablement dilaté mais non en dent de scie : les 5° à 10° subégaux : le dernier oblong, acuminé : les 2°, 3°, base du 4° et dessous du 1°ʳ testacés.

♀ *Antennes* légèrement dilatées intérieurement en dents de scie à partir du 5° article : le 2° subglobuleux, aussi long que large : les 3° et 4° allongés, obconiques, subégaux : les 5° à 10° graduellement un peu plus courts et un peu plus larges en approchant du sommet : les extérieurs subtransversaux : le dernier ovalaire, acuminé : le dessous des 1°ʳ et 2°, les 3° et 4° testacés.

Obs. Dans les deux sexes, le dernier arceau ventral est à peu près semblable. Il en est de même du pygidium, qui est suboblique et légèrement convexe à sa partie inférieure.

### SERICATUS, Germar, Schœnherr.
Provence.

♀ *Antennes* légèrement dilatées intérieurement en dents de scie à partir du 5ᵉ article : le 2ᵉ subglobuleux, à peine plus long que large : les 3ᵉ et 4ᵉ suballongés, obconiques, subégaux : le 4ᵉ à peine plus élargi que le précédent : les 5ᵉ à 10ᵉ graduellement un peu plus courts et plus larges en approchant du sommet : les extérieurs légèrement transversaux : le dernier brièvement ovalaire, acuminé. *Dernier arceau ventral* assez prolongé, arrondi au milieu de son bord postérieur. *Pygidium* oblique, faiblement convexe.

Obs. Chez la ♀ de cette espèce, dont nous n'avons vu que ce seul sexe, les 2ᵉ, 3ᵉ et 4ᵉ articles des antennes sont testacés : le dessous du 1ᵉʳ est plus ou moins ferrugineux.

**C.** *Prothorax fortement transversal, à côtés ordinairement peu obliques, plus ou moins arrondis antérieurement.*

**a.** *Côtés du prothorax munis d'une dent vers leur milieu. — Antennes atteignant à peine la moitié de la longueur du corps, semblables dans les deux sexes, allant en grossissant vers le sommet, plus ou moins dilatées en dents de scie des deux côtés, ordinairement à partir du 5ᵉ article : les extérieurs (moins le dernier) transversaux. — Cuisses postérieures distinctement dentées. — Tibias intermédiaires des ♂ plus ou moins arqués, dentés en dedans à leur sommet.*

### PISI, Linné, Schœnherr.
France.

♂ *Tibias intermédiaires* légèrement recourbés en dedans à leur extrémité, munis à l'angle interne de leur sommet d'une dent spiniforme, simple, dirigée en bas. *Dernier arceau ventral* légèrement sinué au milieu de son bord apical.

♀ *Tibias intermédiaires* simples, mutiques à leur sommet. *Dernier arceau ventral* obtusément arrondi à son bord apical.

OBS. Dans les deux sexes de cette espèce le pygidium est subvertical à sa partie inférieure ; il est un peu plus convexe dans le ♂ que dans la ♀.

### RUFIMANUS, Schœnherr.

France.

♂ *Cuisses intermédiaires* fortement dilatées en dessous vers leur milieu. *Tibias intermédiaires* triangulaires, un peu élargis en dedans vers leur tiers supérieur, puis sinués et recourbés avant leur sommet, où ils présentent une saillie ou lame longitudinale peu sentie, et terminée inférieurement par une dent spiniforme assez forte. *Dernier arceau ventral* faiblement subsinué au milieu de son bord apical.

♀ *Cuisses intermédiaires* faiblement élargies en dessous vers leur milieu. *Tibias intermédiaires* simples, mutiques. *Dernier arceau ventral* assez prolongé, largement arrondi à son bord apical.

OBS. Le pygidium, chez les deux sexes, est légèrement convexe et subvertical à sa partie inférieure.

Le caractère masculin des tibias intermédiaires contournés, trigones, à tranches bien prononcées, permet de réunir à cette espèce plusieurs variétés de prime-abord disparates. Parmi celles-ci, notre variété *velutinus*, NOB. est de la taille du *Br. pisi ;* mais elle a les élytres uniformément grisâtres, avec la base de la suture d'une couleur ferrugineuse ou cendrée plus prononcée, composée d'un duvet plus serré.

Un autre caractère particulier à cette espèce, c'est la dilatation notable, chez les ♂, des cuisses intermédiaires qui, chez les espèces suivantes, sont seulement un peu plus épaisses dans le ♂ que dans la ♀.

### FLAVIMANUS, Schœnherr.
**France méridionale.**

♂ *Tibias intermédiaires* légèrement arqués, un peu élargis en dedans vers leur tiers supérieur, puis sinués, et munis à leur sommet de deux dents assez rapprochées : la supérieure assez forte, horizontale, l'inférieure spiniforme, dirigée en bas. *Dernier arceau ventral* faiblement subsinué au milieu de son bord apical.

♀ *Tibias intermédiaires* simples, mutiques. *Dernier arceau ventral* assez prolongé, largement arrondi à son bord apical.

Obs. Le pygidium est assez convexe et subvertical à sa partie inférieure, dans les deux sexes de cette espèce.

### NUBILUS, Schœnherr.
**France.**

♂ *Tibias intermédiaires* légèrement arqués en dehors, très faiblement élargis en dedans vers leur tiers supérieur, assez brusquement recourbés à leur sommet où ils offrent deux dents solides, divergentes, obliquement dirigées, assez rapprochées, portées sur une saillie ou lame longitudinale assez sentie, qui leur sert de base commune. *Dernier arceau ventral* faiblement subsinué au milieu de son bord apical.

♀ *Tibias intermédiaires* simples, mutiques. *Dernier arceau ventral* obtusément arrondi à son bord apical.

Obs. Le pygidium subvertical à sa partie inférieure est un peu plus convexe dans le ♂ que dans la ♀.

Cette espèce varie beaucoup. Le prothorax paraît plus ou moins court; les élytres sont plus ou moins longues; la taille est quelquefois deux fois moindre; enfin les antennes qui, dans le type, sont noires avec les cinq premiers articles testacés, sont rarement testacées avec les articles intermédiaires obcurs; d'autrefois testacées avec les trois ou quatre derniers articles rembrunis ; et très souvent entièrement testacées. C'est à cette dernière variété qu'il faut rapporter le *Br. luteicornis* de quelques collections et de certains catalogues.

### LUTEICORNIS, Illiger, Schœnherr.

France.

♂ *Tibias intermédiaires* légèrement arqués en dehors, très faiblement élargis vers leur tiers supérieur, en dedans ; assez brusquement recourbés à leur sommet, où ils présentent une saillie ou lame longitudinale bien prononcée, assez étroite, échancrée au bout ou comme terminée par deux dents courtes, solides, rapprochées. *Dernier arceau ventral* légèrement subsinué au milieu de son bord apical.

♀ *Tibias intermédiaires* simples, mutiques. *Dernier arceau ventral* un peu prolongé, obtusément arrondi à son bord apical.

OBS. Le pygidium est un peu plus convexe inférieurement dans le ♂ que dans la ♀, ce qui le fait paraître aussi un peu plus vertical.

Cette espèce ressemble beaucoup à la variété à antennes pâles du *Br. nubilus*. Elle s'en distingue par le caractère masculin des tibias intermédiaires où les dents sont un peu plus rapprochées, portées sur une lame plus étroite et plus prolongée. Ces mêmes tibias sont proportionnellement plus grêles. La taille est généralement moindre ; le prothorax, moins large antérieurement, a les côtés plus obliques ; les élytres sont aussi plus courtes et plus arrondies sur les côtés.

### GRANARIUS, Linné, Schœnherr.

France.

♂ *Tibias intermédiaires* légèrement arqués en dehors, comprimés, anguleux à leur tranche supérieure, un peu dilatés en dedans vers le tiers supérieur, puis légèrement sinués ; munis de deux dents écartées : la première horizontale, assez forte, située vers les trois quarts de la longueur du tibia : la deuxième moins forte, spiniforme, dirigée en bas, située à l'angle apical interne. L'espace situé entre ces dents est creusé. *Dernier arceau ventral* faiblement subsinué au milieu de son bord apical.

♀ *Tibias intermédiaires* simples, mutiques. *Dernier arceau ventral* assez prolongé, obtusément arrondi à son bord apical.

Obs. Dans cette espèce, le pygidium est légèrement convexe et subvertical à sa partie inférieure, chez les deux sexes.

### TROGLODITES, Schœnherr.
#### France.

♀ *Tibias intermédiaires* simples, mutiques. *Dernier arceau ventral* assez prolongé, arrondi à son bord apical.

Obs. Cette espèce, dont nous ne connaissons pas le ♂, ressemble beaucoup au *Br. granarius.* Il est plus petit de moitié et proportionnellement plus étroit.

### BRACHIALIS, Schœnherr.
#### France.

♂ *Tibias intermédiaires* faiblement comprimés, légèrement arqués en dehors, faiblement cintrés en dedans avant le sommet, où ils offrent une lame ou saillie longitudinale, courte, large, échancrée au bout ou comme terminée par deux dents solides, divergentes, assez rapprochées. *Le dernier arceau ventral* sensiblement sinué au milieu de son bord apical. *Pygidium* convexe, vertical dans sa moitié inférieure.

♀ *Tibias intermédiaires* simples, mutiques. *Dernier arceau ventral* peu prolongé, largement arrondi à son bord apical.

*Pygidium* légèrement convexe, subvertical dans son tiers inférieur.

**Obs.** Quelquefois les antennes sont entièrement testacées, avec le milieu un peu plus sombre.

### TRISTIS, Schœnherr.
France méridionale.

♂ *Tibias intermédiaires* très faiblement arqués en dehors, très légèrement sinués en dedans après leur milieu, sensiblement élargis vers le sommet où ils offrent deux dents assez écartées : la première horizontale, courte, solide, située vers les 4/5ᵉ de la tranche interne : la deuxième spiniforme, dirigée en bas, située à l'angle apical. *Dernier arceau ventral* sensiblement sinué au milieu de son bord apical. *Pygidium* convexe, vertical dans son tiers inférieur.

♀ *Tibias intermédiaires* simples, mutiques. *Dernier arceau ventral* assez prolongé, obtusément arrondi à son bord apical. *Pygidium* faiblement convexe, subvertical à son tiers inférieur.

### TRISTICULUS, Schœnherr.
France méridionale.

♂ *Tibias intermédiaires* très faiblement arqués en dehors, très légèrement sinués après leur milieu en dedans, faiblement élargis vers le sommet où ils sont munis de deux dents peu rapprochées : la supérieure très courte, horizontale, située vers les 5/6ᵉ de la tranche interne : l'inférieure plus longue, spiniforme, dirigée en bas, située à l'angle apical. *Dernier arceau ventral* légèrement sinué au milieu de son bord apical. *Pygidium* assez convexe, vertical dans son tiers inférieur.

♀ *Tibias intermédiaires* simples, mutiques. *Dernier arceau ventral* subbissinué ou largement arrondi au milieu de son bord apical. *Pygidium* faiblement convexe, subvertical dans son tiers inférieur.

Obs. Quelques catalogues réunissent les *Br. tristis* et *tristiculus*. Nous croyons qu'ils doivent constituer deux espèces distinctes. Bien que la ponctuation soit la même, le *tristiculus* est ordinairement plus petit, proportionnellement plus court et plus obtus en arrière ; ses élytres sont plus convexes, un peu plus arrondies sur les côtés ; le prothorax est plus profondément bissinué à la base, avec ses angles postérieurs moins aigus. Les tibias intermédiaires, au lieu d'être entièrement testacés, sont constamment noirs, avec le sommet ferrugineux ; ils sont aussi moins allongés, moins grêles, moins brusquement élargis vers l'extrémité, avec leurs dents terminales un peu plus courtes.

## SERTATUS, Illiger, Schœnherr.

### France.

♂ *Tibias antérieurs* fortement élargis en massue, arqués en dehors, convexes en dessus, concaves en dessous, subsinués au milieu de leur tranche interne, obliquement coupés au sommet de leur tranche externe. *Tibias intermédiaires* légèrement arqués en dehors, munis en dessous de deux dents très écartées : la supérieure horizontale, forte, en forme de lame transversale, située vers le tiers inférieur de la tranche interne : l'inférieure grêle, spiniforme, dirigée en bas, située un peu avant l'angle apical. L'espace compris entre ces deux dents est fortement creusé. *Dernier arceau ventral* subsinué au milieu de son bord apical. *Pygidium* convexe, vertical dans son tiers inférieur.

♀ *Tibias antérieurs* simples, non élargis. *Tibias intermédiaires* simples, mutiques. *Dernier arceau ventral* faiblement subsinué ou largement arrondi au milieu de son bord apical. *Pygidium* légèrement convexe, subvertical dans son tiers inférieur.

Obs. C'est avec raison que quelques catalogues réunissent à cette espèce le *Br. signaticornis*, Schœnherr, qui n'en diffère que par le dernier article de ses antennes qui est testacé. Elles sont mêmes quelquefois entièrement de cette dernière couleur.

## PALLIDICORNIS, Schœnherr.
### France.

♂ *Tibias antérieurs* assez élargis, concaves en dessous, sensiblement arqués en dehors. *Tibias intermédiaires* assez grêles, légèrement arqués en dehors, faiblement élargis vers le tiers supérieur de leur tranche interne, puis sensiblement sinués après leur milieu, et munis à l'angle apical d'une espèce d'éperon subhorizontal, assez prolongé, tronqué et subéchancré au bout. *Dernier arceau ventral* faiblement subsinué ou largement arrondi au milieu de son bord apical. *Pygidium* légèrement convexe, vertical dans son tiers inférieur.

♀ *Tibias antérieurs* non élargis. *Tibias intermédiaires* simples, mutiques. *Dernier arceau ventral* obtusément arrondi. *Pygidium* faiblement convexe, subvertical dans son tiers inférieur.

## ULICIS, Nobis.
### Provence.

*Brevitèr ovatus, subdepressus, niger, pube ferrugineá grisedque, plagisque nudis variegatus; elytris guttis 4 abbidis distinctioribus, notatis. Antennarum basi, pedibus anticis præter basin, tarsisque intermediis testaceis. Pectoris ventrisque lateribus albido maculatis.*

Long. 0,003 — 0,004 (1 l 1/2); larg. 0,002 — 0,0024 (1 l.).

♂ *Tibias antérieurs* faiblement élargis, légèrement concaves en dessous seulement vers l'extrémité, à peine arqués en dehors. *Tibias intermédiaires* très faiblement arqués en dehors, légèrement sinués en dedans avant leur sommet, où ils sont munis d'une espèce d'éperon solide, assez prolongé, obliquement dirigé, obliquement tronqué et subéchancré au

bout. Le *4ᵉ article des antennes* transversal, noir, étroitement
testacé à la base.

♀ *Tibias antérieurs* assez grêles, non élargis. *Tibias intermédiaires* simples, mutiques. Le *4ᵉ article des antennes* obconique, entièrement testacé.

*Corps* court, ovale, subdéprimé, noir, varié d'une pubescence grise et ferrugineuse, avec quelques places nues.

*Tête* assez large, un peu rétrécie en devant; noire, couverte, surtout sur les côtés, d'une pubescence grisâtre, couchée; marquée de points enfoncés assez forts, épars, dans
l'intervalle desquels se remarque une ponctuation fine et
ruguleuse. *Front* convexe, séparé du chaperon par une suture
en forme de chevron très ouvert en avant; il offre, à un
certain jour, une carène longitudinale lisse, très obsolète,
située entre les yeux. *Chaperon* presque carré, à base anguleuse, noir, rugueusement et assez fortement ponctué. *Labre*
transversal, brillant, noir, avec quelques points obsolètes
sur les côtés. *Mandibules* ferrugineuses au sommet. *Palpes*
d'un noir de poix. *Yeux* très grands, saillants, noirs, bilobés.

*Antennes* à peine plus longues que la tête et le prothorax
réunis; fortement comprimées; dilatées à partir du 4ᵉ (♂)
ou du 5ᵉ (♀) article. Le 2ᵉ obconique, à peine plus long
que large : le 3ᵉ obconique, plus long que le précédent : le
4ᵉ en carré transversal (♂) ou obconique (♀) : les 5ᵉ à 10ᵉ
fortement transversaux, graduellement un peu plus courts
en approchant du sommet: le dernier transversal, obliquement
tronqué au bout, subacuminé intérieurement, un peu plus
étroits que les précédents. Elles sont pubescentes, noires,
avec les 3 (♂) ou 4 (♀) premiers articles testacés.

*Prothorax* transversal, près d'une fois plus large que long,
guère plus étroit en avant qu'en arrière; profondément
bissinué à la base; tronqué au sommet; les angles antérieurs

largement arrondis, les postérieurs aigus, sensiblement prolongés en arrière; les côtés légèrement sinués après la dent: celle-ci peu saillante. Il est noir, assez convexe en avant, couvert de gros points plus ou moins serrés, dont les intervalles sont finement rugueux; varié de poils couchés d'un ferrugineux grisâtre, plus serrés sur les côtés et surtout sur le lobe médian où ils forment une espèce de tache antéscutellaire. Celui-ci est peu saillant, large, faiblement sinué au milieu de son bord apical.

*Ecusson* transversal, comme bilobé au sommet, rugueusement ponctué, densement couvert de poils ferrugineux ou grisâtres.

*Elytres* deux fois et demie plus longues que le prothorax, un peu plus larges que lui à leur base; s'élargissant un peu derrière les épaules; faiblement arrondies sur les côtés; simultanément échancrées au milieu de la base; individuellement et obtusément arrondies au sommet; finement striées: les stries obsolètement ponctuées et n'atteignant point l'extrémité: les extérieures flexueuses en leur milieu: les internes plus droites et plus profondes à leur base: les intervalles obsolètement et finement rugueux, comme écailleux; elles sont subdéprimées, noires, variées d'une pubescence couchée, serrée, grisâtre ou bien ferrugineuse, un peu plus condensée à la suture depuis l'écusson jusqu'un peu avant le sommet; avec quatre points blanchâtres plus apparents et disposés en quadrille : deux avant le milieu, deux vers les deux tiers; de plus, quatre taches noires, plus grandes, irrégulières, dénudées ou couvertes d'un court duvet brunâtre : la 1° allongée, située vers le tiers antérieur du 5° intervalle: la 2° également allongée, située vers les deux tiers du même intervalle : la 3° grande, didyme, située vers le milieu des côtés: la 4° grande, irrégulière, située au sommet. Dans les individus bien frais, le 5° intervalle paraît brun, interrompu de blanchâtre. Le calus huméral est peu saillant, arrondi, dénudé, assez brillant. Les intervalles laissent apercevoir, à travers le duvet, des séries de points assez gros, plus ou moins visibles.

*Pygidium* scutiforme, assez convexe, vertical dans son tiers inférieur; marqué d'une ponctuation éparse, grossière, dont les intervalles sont obsolètement rugueux; couvert d'une pubescence d'un gris ferrugineux, condensée à la base en trois taches cendrées, et à son milieu en une ligne longitudinale de même couleur.

*Pieds* assez courts, finement ponctués, pubescents : les antérieurs testacés, avec la base des cuisses noire; les intermédiaires noirs, avec le sommet des tibias ferrugineux et les tarses testacés : les postérieurs antièrement noirs, avec le 3e article des tarses seul testacé : le sommet du dernier article des quatre tarses antérieurs est plus ou moins rembruni. *Cuisses postérieures* épaisses, latéralement comprimées, cintrées et rugueusement ponctuées en dedans, munies en dessous, avant leur sommet, d'une dent assez forte.

*Dessous du corps* convexe, légèrement pubescent, finement ponctué, d'un noir assez brillant, avec les côtés des quatre premiers arceaux du ventre, des hanches postérieures et l'angle postéro-externe de l'épisternum du métathorax, notés d'une tache de poils blanchâtres.

Patrie : Avignon. Mai, Juin. Sur l'ajonc d'Europe *(Ulex europœus,* Linné.)

Obs. Cette espèce ressemble au *Br. pallidicornis,* dont il diffère par une taille plus grande, par la couleur des antennes et par celle des pieds intermédiaires, par ses tibias antérieurs moins épais et moins concaves en dessous, et par ses cuisses postérieures dont l'arête inférieure est moins tranchante et dont la surface interne est seulement rugueusement ponctuée, au lieu d'être distinctement granuleuse.

### VICIÆ, Olivier (*Nigripes,* Schœnherr).
France.

♂ *Tibias intermédiaires* légèrement arqués en dehors, faiblement dilatés en dedans vers le tiers supérieur, puis sinués avant le sommet, où ils sont munis de deux dents divergentes, peu rapprochées : la supérieure assez solide, horizontale : l'inférieure spiniforme, obliquement dirigée, située à l'angle apical. *Dernier arceau ventral* faiblement subsinué au milieu de son bord apical. *Pygidium* assez convexe, subvertical dans son tiers inférieur.

♀ *Tibias intermédiaires* simples, mutiques. *Dernier arceau ventral* faiblement prolongé, arrondi à son bord apical. *Pygidium* oblique, légèrement convexe.

Obs. Nous rapportons, sans aucun doute, au *Br. nigripes,* Schœnherr, le *Br. viciæ,* Olivier (tom. IV, n° 79, pag. 12, pl. 2, fig. 11), auquel nous restituons de droit sa première dénomination.

### GRISEOMACULATUS, Schœnherr.
France.

♂ *Tibias intermédiaires* assez grêles, très légèrement arqués en dehors, faiblement élargis en dedans vers leur milieu, puis sinués avant leur sommet, où ils offrent une saillie supportant deux petites dents rapprochées à leur base : la supérieure presque horizontale : l'inférieure oblique. *Dernier arceau ventral* assez sensiblement sinué au milieu de son bord apical.

♀ *Tibias intermédiaires* simples, mutiques. *Dernier arceau ventral* subsinué à son bord apical.

Obs. Chez les deux sexes, le pygidium est assez convexe et vertical dans sa partie inférieure.

Cette espèce a des rapports avec les petits exemplaires du *Br. nubilus,* avec lequel quelques catalogues la réunissent ; mais il n'est pas douteux pour nous qu'elle doive constituer une espèce distincte. Outre sa taille constamment moindre, elle est proportionnellement plus courte et plus arrondie sur les côtés. Les élytres, ordinairement dénuées de taches ou fascies blanchâtres, sont le plus souvent presque uniformément grisâtres, avec des mouchetures un peu plus claires, peu prononcées. Les tibias intermédiaires des ♂ sont beaucoup plus grêles.

### LOTI, Paykull, Schœnherr.
**France.**

♂ *Tibias intermédiaires* faiblement élargis en dedans vers leur milieu, puis légèrement sinués avant le sommet, où ils sont munis de deux dents rapprochées, supportées par une espèce de saillie ou lame assez prolongée qui leur sert de base commune. *Dernier arceau ventral* faiblement subsinué au milieu de son bord apical. *Pygidium* convexe, vertical.

♀ *Tibias intermédiaires* simples, mutiques. *Dernier arceau ventral* largement arrondi à son bord apical. *Pygidium* légèrement convexe, subvertical.

OBS. Nous plaçons cette espèce parmi celles à prothorax denté, bien que souvent la dent soit effacée; mais on en aperçoit toujours un vestige plus ou moins apparent.

### TESSELLATUS, Nobis.
**Languedoc.**

*Ovatus, subdepressus, niger, densè griseo-tomentosus, maculis magis denudatis, obsoletis, variegatus. Prothorace levitèr transverso, dente laterali solido. Antennarum basi, pedibus anticis prœter basin, tibiarum intermediarum apice tarsisque intermediis testaceis. Pygidio scutiformi, lateribus impresso.*

Long. 0,003 (1 l. 1/4); larg. 0,0015 (2,3 — 3/4 l.)

♀ *Tibias intermédiaires* simples, mutiques. *Dernier arceau ventral* assez prolongé, largement arrondi à son bord apical. *Pygidium* convexe, oblique, subvertical seulement dans son quart inférieur.

*Corps* ovale, subdéprimé, couvert d'une pubescence couchée et grisâtre; noir, varié de taches un peu plus obscures, plus dénudées mais peu apparentes.

*Tête* assez large, presque triangulaire; densement ponctuée, noire, nue sur le col, garnie d'une pubescence grisâtre assez serrée sur le *front* : celui-ci longitudinalement subcaréné, séparé de l'épistome par une suture échancrée en devant : ce dernier presque carré, à base arquée ; obsolètement ponctué, d'un noir brillant. *Labre* ferrugineux. *Palpes* couleur de poix. *Yeux* très grands ; saillants ; noirs ; profondément bilobés.

*Antennes* de la longueur de la moitié du corps ; graduellement et sensiblement élargies et comprimées à partir du 5° article : le 2° un peu plus long que large : les 3° et 4° suballongés, obconiques, subégaux : le 5° assez dilaté, guère plus long que large : les 6° et 7° légèrement : les 8°, 9° et 10° plus fortement transversaux : le dernier ovalaire, acuminé. Elles sont finement pubescentes, noires, avec les quatre premiers articles testacés, et le 5° d'un ferrugineux obscur.

*Prothorax* un peu plus large que long, tronqué au sommet ; profondément bissinué à la base ; largement arrondi aux angles antérieurs : les postérieurs très aigus, un peu prolongés en arrière ; assez convexe en avant ; noir ; couvert d'une pubescence grisâtre, serrée et couchée, un peu plus fournie sur les côtés, sur le lobe médian et aux angles postérieurs, et qui laisse apercevoir une ponctuation assez dense et assez forte. Le *lobe médian* large, peu prolongé, tronqué en arrière. La *dent* des côtés est très large et placée vers le tiers antérieur ; les côtés après elle sont sensiblement obliques.

*Ecusson* faiblement transversal ; bilobé ; noir ; couvert d'une pubescence grisâtre, serrée.

*Elytres* à peine plus longues que le prothorax à leur base ; deux fois plus longues que lui ; simultanément échancrées au milieu de la base ; faiblement élargies derrière les épaules jusque vers le milieu, après lequel elles se rétrécissent un peu ; largement et individuellement arrondies au sommet et aux angles postéro-externes : l'angle sutural obtus, légè-

rement arrondi. Elles sont noires, couvertes d'une pubescence
grisâtre, serrée et couchée, avec quelques places plus
obscures, plus dénudées, dont trois principales : la 1ᵉ assez
grande, située sur le disque un peu après la base: la 2ᵉ après
le milieu, près des côtés: la 3ᵉ un peu avant le sommet. Elles
sont finement striées: les stries à peine ponctuées: les intervalles transversalement et finement ruguleux, comme écailleux. Le *calus huméral* est peu saillant, dénudé.

*Pygidium* en forme d'écusson; rugueusement ponctué;
couvert d'une pubescence grisâtre, serrée; oblique, convexe
à sa partie inférieure, avec une impression assez forte de
chaque côté.

*Dessous du corps* finement ponctué; couvert d'une pubescence grisâtre, assez courte, plus serrée sur les côtés de la
poitrine.

*Pieds* finement ponctués; légèrement pubescents: les *antérieurs* testacés, avec la base des cuisses noire: les *intermédiaires* noirs, avec les genoux et les tibias d'un ferrugineux
plus ou moins obscur, le sommet de ceux-ci et les tarses
testacés: les *postérieurs* noirs, avec le 3ᵉ article des tarses
testacé.

Patrie : Montpellier.

Obs. Cette espèce, dont nous ne connaissons que la ♀,
a le prothorax beaucoup moins transversal que toutes celles
du même groupe. La dent, dont il est muni sur les côtés,
empêche de la rapprocher des *Br. murinus* et *miser*, avec
lesquels elle a des rapports de ressemblance.

**b.** *Côtés du prothorax mutiques.*

† *Cuisses postérieures dentées.*

* *Tibias intermédiaires dentés au sommet dans les ♂. Antennes simples
dans les deux sexes.*

**LATICOLLIS, Schœnherr.**
**France.**

♂ *Tibias antérieurs* comprimés, sensiblement élargis

jusqu'après le milieu, où ils se rétrécissent un peu ; obliquement coupés au sommet; arqués en dehors, échancrés en dedans et concaves en dessous. *Tibias intermédiaires* faiblement arqués en dehors; à peine élargis en dedans vers le tiers supérieur, puis légèrement sinués avant le sommet, où ils offrent un appendice ou éperon prolongé, obliquement tronqué au sommet : le dessous des mêmes tibias longitudinalement sillonné avant leur extrémité. *Dernier arceau ventral* légèrement sinué au milieu de son bord apical. *Pygidium* convexe, vertical dans son tiers inférieur.

♀ *Tibias antérieurs* non élargis. *Tibias intermédiaires* simples, mutiques. *Dernier arceau ventral* faiblement subbissinué ou obtusément arrondi à son bord apical. *Pygidium* assez convexe, subvertical dans son tiers inférieur.

** *Tibias intermédiaires mutiques dans les deux sexes.*

o. *Antennes semblables dans les deux sexes, atteignant à peine la moitié de la longueur du corps.*

## LIVIDIMANUS, Schœnherr.
### France.

♂ *Dernier arceau ventral* profondément sinué au milieu de son bord apical. *Pygidium* très convexe, vertical dans sa moitié inférieure.

♀ *Dernier arceau ventral* assez prolongé, largement arrondi à son bord apical. *Pygidium* assez convexe et subvertical dans son tiers inférieur.

Obs. Les variétés méridionales sont presque uniformément cendrées, et ont surtout les antennes presque entièrement testacées.

oo. *Antennes aussi longues que le corps, fortement en scie chez les ♂.*

## HISTRIO, Schœnherr.
### France méridionale.

♂ *Antennes* fortement dilatées intérieurement à partir du 3ᵉ article, en dents de scie à partir du 4ᵉ : le 2ᵉ très court, fortement transversal : le 3ᵉ grand, angulairement dilaté, pas plus long que large : les 4ᵉ à 10ᵉ plus longs que larges, graduellement plus allongés et un peu plus étroits en approchant du sommet : le dernier très allongé obliquement coupé au bout : les 1ᵉʳ, 2ᵉ et 3ᵉ d'un testacé ferrugineux. Les 2ᵉ, 3ᵉ et 4ᵉ *arceaux du ventre* fortement refoulés dans leur milieu : le *dernier* profondément échancré ou sinué au milieu de son bord apical, pour recevoir le *pygidium* qui se recourbe en dessous : celui-ci très convexe, vertical.

♀ *Antennes* grêles, légèrement en scie intérieurement à partir du 4ᵉ article : le 2ᵉ court, obconique, transversal, un peu moins long que large : le 3ᵉ allongé, obconique, deux fois plus long que le précédent, non dilaté : les 4ᵉ à 10ᵉ allongés graduellement un peu plus épais en approchant du sommet : le dernier très allongé, acuminé : les 2ᵉ et 3ᵉ seuls, d'un testacé ferrugineux. Les 2ᵉ, 3ᵉ et 4ᵉ *arceaux du ventre* à peine refoulés dans leur milieu : le *dernier* faiblement sinué à son bord apical. *Pygidium* très convexe; vertical; dénudé et longitudinalement lisse sur son milieu.

Obs. Quelquefois le dessous du 4ᵉ article des antennes est un peu ferrugineux chez les ♂, on voit aussi une teinte obscure au dessus du premier.

Cette espèce vit particulièrement sur la valériane rouge (*Centranthus ruber*, Gaertner.)

### JOCOSUS, Schœnherr.
#### France méridionale.

♂ *Antennes* très fortement dilatées intérieurement à partir du 3ᵉ article, en dents de scie très aiguës à partir du 4ᵉ : le 2ᵉ très court, transversal : le 3ᵉ grand, subtriangulaire : les 4ᵉ à 10ᵉ fortement en scie, subpectinés : le dernier très allongé, fusiforme : le 2ᵉ d'un testacé ferrugineux. Les 2ᵉ, 3ᵉ et 4ᵉ *arceaux du ventre* refoulés dans leur milieu : le *dernier* profondément échancré ou sinué au milieu de son bord apical, jusqu'à sa base, pour recevoir le *pygidium* qui se recourbe en dessous : celui-ci très convexe; vertical.

♀ *Antennes* grêles; légèrement en scie intérieurement à partir du 5ᵉ article : le 2ᵉ subglobuleux, transversal, à peine aussi long que large : le 3ᵉ allongé, obconique, deux fois plus long que le précédent : le 4ᵉ allongé, non en scie, obconique : les 5ᵉ à 10ᵉ allongés, graduellement un peu plus épais en approchant du sommet : le dernier très allongé, fusiforme, acuminé : les 2ᵉ et 3ᵉ et base du 4ᵉ d'un testacé ferrugineux. Les 2ᵉ, 3ᵉ et 4ᵉ *arceaux du ventre* à peine resserrés dans leur milieu : le *dernier* subsinué à son bord apical. *Pygidium* convexe; vertical; subdénudé sur son milieu.

Obs. Le *Br. discipennis*, Schoenherr, n'est peut-être qu'une variété du *Br. jocosus*, à disque des élytres ferrugineux.

Quelques catalogues rassemblent en une seule et même espèce les *Br. longicornis*, Germar, *histrio*, Schoenherr, et *jocosus*, Schoenherr. Quant à nous, elles nous paraissent des espèces distinctes. Outre sa taille plus grande, outre les bandes blanches des élytres toujours moins distinctes, outre la forme du dernier article de ses antennes, le *Br. jocosus* se distingue suffisamment du *Br. histrio* par les caractères sexuels sus-indiqués. Quant au *Br. longicornis*, Germar, que nous n'avons point encore rencontré en France, il diffère du *Br. histrio* par la bande postérieure des élytres toujours interrompue et réduite à deux taches isolées; la linéole qu'on voit sur leur disque, près de la suture, est toujours plus courte et plus oblique; les antennes des ♂ sont plus fortement en scie, avec les 1ᵉʳ et 2ᵉ seuls d'un testacé ferrugineux, le 1ᵉʳ légèrement rembruni en dessus; la ♀ a les 1ᵉʳ, 2ᵉ, 3ᵉ et 4ᵉ articles des antennes testacés, avec les 5ᵉ et 6ᵉ plus ou moins ferrugineux à la base et en dessous. Enfin le *Br. longicornis* se distingue du *Br. jocosus* par sa forme plus arrondie sur les côtés, par ses antennes moins fortement en scie dans les ♂, à 1ᵉʳ article toujours plus ou moins ferrugineux ou testacé, et par ses élytres dont les taches sont mieux marquées et autrement disposées.

†† *Cuisses postérieures mutiques. — Antennes et tibias intermédiaires semblables dans les deux sexes.*

### CISTI, Paykull, Schœnherr.

France.

♂ *Dernier arceau ventral* subsinué au milieu de son bord apical. *Pygidium* convexe; subvertical dans son tiers inférieur.

♀ *Dernier arceau ventral* assez prolongé; largement arrondi à son bord apical. *Pygidium* oblique; faiblement convexe à sa partie inférieure.

### SEMINARIUS, Schœnherr.

France méridionale.

♂ *Dernier arceau ventral* profondément et subangulairement échancré au milieu de son bord apical. *Pygidium* convexe, subvertical.

♀ *Dernier arceau ventral* légèrement sinué au milieu de son bord apical. *Pygidium* légèrement convexe; subvertical à sa partie inférieure.

Obs. Suivant quelques catalogues, le *Br. seminarius*, Linné, serait identique avec son *Br. granarius*. Quant à l'espèce décrite par Schœnherr parmi celles à prothorax et cuisses postérieures mutiques, elle nous paraît cadrer exactement avec la nôtre et constituer une espèce distincte. Elle a bien quelque ressemblance avec les petits exemplaires des *Br. granarius* et *nubilus*, ou aussi avec le *Br. griseomaculatus*; mais elle se distingue de ces trois espèces par son prothorax et ses cuisses postérieures mutiques, et par ses tibias intermédiaires simples dans les deux sexes.

### ALNI, Schœnherr.

Paris.

Obs. Nous ne connaissons pas cette espèce, indiquée de France par Schœnherr.

# COUP-D'ŒIL

## SUR LES INSECTES

### DE LA

# FAMILLE DES CANTHARIDIENS

#### ACCOMPAGNÉ DE LA DESCRIPTION

## DE DIVERSES ESPÈCES NOUVELLES OU PEU CONNUES

### Par E. MULSANT & Cl. REY.

( Présenté à l'Académie des Sciences de Lyon dans la séance du 3 mars 1858 ).

━━━━●◖●◗●━━━━

Lorsqu'on examine avec quelque attention la distribution générique des coléoptères de la Tribu des Vésicants, il est facile de reconnaître que la classification de ces insectes exige une nouvelle révision et des caractères plus précis.

En attendant qu'une plume plus savante et plus exercée élabore ce travail sur une plus grande échelle, qu'il nous soit permis d'offrir ici le résultat de nos observations sur ceux de ces coléoptères qui composent la famille des Cantharidiens, ou du moins sur les espèces connues de nous, qui habitent l'Europe ou quelques-unes des contrées voisines ou rapprochées de cette partie du monde.

Rappelons ici brièvement les caractères propres à faire connaître les Vésicants entre les autres Hétéromères.

*Tête* non prolongée en devant en forme de museau; habituellement inclinée; le plus souvent triangulaire; séparée du prothorax par une sorte de cou. *Antennes* insérées à découvert, ordinairement un peu avant le milieu du côté interne des yeux; quelquefois même un peu plus avant que ces organes; de formes variées. *Yeux* situés sur les côtés de la tête. *Palpes maxillaires* à dernier article non en forme de coutre ou de hache. *Prothorax* latéralement sans rebords; à côtés repliés en dessous; à base notablement plus étroite que celle des élytres : celles-ci plus ou moins flexibles. *Ventre* de six ou sept arceaux apparents. *Tarses* antérieurs et intermédiaires de cinq : les postérieurs de quatre articles. *Ongles* offrant chacun de leurs crochets longitudinalement divisé en deux branches, dont l'une plus forte, parfois dentée ou pectinée.

Parmi ces insectes, la troisième et dernière famille, ou celle des Cantharidiens, se reconnaît aux caractères suivants :

*Elytres* ne se recouvrant pas à la suture; aussi longuement ou presque aussi longuement prolongées que l'abdomen; n'embrassant pas les côtés de celui-ci. *Ailes* existantes. *Antennes* subfiliformes, soit grossissant progressivement à peine, soit graduellement plus minces vers l'extrémité; de onze articles : les 3e à 11e ordinairement plus longs que larges. *Ecusson* apparent. *Tarses* à articles entiers (1), n'offrant

---

(1) Du moins chez les espèces connues de l'ancien continent. Les *Tetraonyx* forment une exception à cette règle.

point de traces d'une courbe rentrante à leur côté interne ; contigus ou à peu près à la suture.

Ces insectes peuvent être partagés en deux branches.

Branches.

Elytres {

n'offrant point de traces d'une courbe rentrante à leur côté interne ; contiguës ou à peu près à la suture. Tête moins longue depuis l'extrémité des mandibules jusqu'à la partie postérieure de la base des antennes, que depuis ce point jusqu'au vertex. Labre transverse ; généralement échancré au milieu de son bord antérieur. CANTHARIDIAIRES.

offrant à leur côté externe, entre la moitié et les trois quarts de la longueur de celui-ci, une sinuosité ou courbe rentrante plus ou moins sensible ; souvent déhiscentes à la suture. Tête aussi longue depuis l'extrémité des mandibules jusqu'à la partie postérieure de la base des antennes, que depuis ce point jusqu'au vertex. Antennes sétacées, au moins chez les ♂. ZONITAIRES.

## PREMIÈRE BRANCHE.

—

### LES CANTHARIDIAIRES.

CARACTÈRES. *Tête* moins longue depuis l'extrémité des mandibules jusqu'à la partie postérieure de la base des antennes, que depuis ce point jusqu'au vertex. *Labre* transverse ; généralement échancré au milieu de son bord antérieur. *Elytres* contiguës ou à peu près à la suture ; non en courbe rentrante à leur côté externe.

Ces insectes se divisent en deux rameaux.

Rameaux.

Ongles {

pectinés ou dentés à l'une des branches de chacun de leurs crochets. Yeux entiers. ALOSIMATES.

ni pectinés, ni dentés. Yeux généralement échancrés. CANTHARIDIATES.

# PREMIER RAMEAU.

—

## Les Alosimates.

CARACTÈRES. *Ongles* pectinés ou dentés à l'une des branches de chacun de leurs crochets. *Yeux* entiers. *Eperon externe* de leurs tibias postérieurs très épais, obliquement coupé à son extrémité.

Ces insectes peuvent être divisés ainsi :

*Genres.*

Antennes — n'offrant pas les articles 4e à 10e cylindriques et serrés.

courtes; offrant les articles 4e à 10e cylindriques, serrés, beaucoup moins longs que larges. Prothorax à peine aussi long ou moins long que large. Cuisses postérieures plus grosses, arquées à leur bord antérieur. — OENAS.

Prothorax généralement plus long que large, offrant vers les trois septièmes sa plus grande largeur. Articles 6e à 10e des antennes moins longs que larges, dilatés et obtusément subdentés en dessous. — LYDUS.

Prothorax moins long que large, offrant vers les deux cinquièmes sa plus grande largeur. 4e à 10e articles des antennes plus longs que larges, ni dilatés, ni sensiblement subdentés en dessous. — ALOSIMUS.

## Genre *OEnas*, ŒNAS; Latreille (1).

(οἰνὰς, pampre).

CARACTÈRES. *Antennes* courtes, souvent un peu moins longuement prolongées que les angles postérieurs du prothorax;

---

(1) Hist. nat. des Crust. et des Ins. t. 10, an XII, p. 592. — *Id.* Gener. Crust. et Insect. t. 2, 1807, p. 218.

ordinairement de même grosseur ou graduellement un peu plus grosses vers l'extrémité, quelquefois progressivement plus minces vers celles-ci chez le ♂ ; à 1er article renflé : le 2e court et étroit : les 4e à 10e articles cylindriques, courts, serrés : le 11e rétréci vers l'extrémité. *Prothorax* moins long ou à peine aussi long que large ; offrant ordinairement vers les deux cinquièmes de sa longueur sa plus grande largeur. *Cuisses postérieures* les plus grosses, sensiblement arquées à leur tranche antérieure. *Tibias intermédiaires* un peu arqués. *Corps* allongé ; peu convexe.

Les espèces suivantes ont le corps hérissé en dessus de poils fins, faiblement moins courts sur la tête et sur le prothorax que sur les élytres ; mi-couchés sur celles-ci. Le prothorax faiblement et irrégulièrement arqué sur les côtés, offrant vers les deux cinquièmes de sa longueur sa plus grande largeur ; tronqué ou faiblement arqué en arrière et rebordé à la base ; ordinairement déprimé transversalement vers le quart ou un peu plus de sa longueur. Les élytres munies d'un rebord marginal et d'un sutural ; offrant les traces de deux ou trois nervures longitudinales ; ordinairement subarrondies à l'angle sutural. Les pieds allongés. Le 1er article des tarses antérieurs et intermédiaires sensiblement plus long que le suivant : le 1er des postérieurs à peu près aussi long que les deux suivants réunis.

### 1. Œ. afer ; LINNÉ.

*Pubescent ; noir, avec le prothorax d'un flave orangé ou d'un roux testacé. Antennes grossissant à peine (♀), ou graduellement rétrécies (♂) vers leur extrémité. Tête rayée sur le vertex d'une ligne légère. Elytres graduellement élargies jusque vers les trois cinquièmes de leur longueur.*

♂ Antennes prolongées environ jusqu'aux trois quarts

des côtés du prothorax ; à 1ᵉʳ article obconique, renflé, aussi long que les quatre suivants réunis : les 3ᵉ à 11ᵉ serrés : les 3ᵉ à 10ᵉ presque égaux, transverses : le 3ᵉ à peine égal au suivant : les 4ᵉ à 11ᵉ graduellement rétrécis de manière à constituer un cône très allongé : le 11ᵉ de moitié ou près d'une fois moins court que le 10ᵉ. Tarses antérieurs simples, non dilatés, à 1ᵉʳ article de moitié plus long que le suivant. 1ᵉʳ article des tarses intermédiaires comprimé, inférieurement dilaté, arqué à son bord inférieur. Dernier arceau ventral entaillé jusqu'à la moitié de sa longueur.

♀ Antennes prolongées jusqu'aux angles postérieurs du prothorax ; à 1ᵉʳ article grossissant graduellement de la base à l'extrémité, aussi long que les deux suivants réunis : le 3ᵉ plus long que large, plus long que le suivant : celui-ci à peu près aussi long que large : les 5ᵉ à 10ᵉ transverses : les 3ᵉ à 11ᵉ grossissant graduellement un peu vers l'extrémité : le 11ᵉ rétréci en pointe dans sa seconde moitié, un peu échancré au bord externe. 1ᵉʳ article des tarses intermédiaires régulier. Dernier arceau ventral à peine échancré.

*Meloe afer,* Linn. Syst. Natur. t. 1, p. 680. 10. — Mueller (P. L. S.). — C. Linn. Natur. t. 5, 1ᵉ part. p. 385. 10. — Goeze, Entom. Beytr. t. 1, p. 699. 10.

*Lytta afra,* Fabr. Syst. entom. p. 260. 5. — *Id.* Spec. ins. t. 1, p. 330. 10. — *Id.* Mant. ins. t. 1, p. 216. 11. — *Id.* Entom. Syst. t. 1. 2, p. 87. 16. — *Id.* Syst. Eleuth. t. 2, p. 80. 24. — Gmel. C. Linn. Syst. nat. t. 1, p. 2015. 11.

*Cantharis afra,* Oliv. Encycl. méth. t. 5, p. 280. 16. (♀). — *Id.* Entom. t. 3, n° 46, p. 17. 19 (♀), pl. 1, fig. 4. a, b. (♀).

*OEnas afer,* Latr. Hist. nat. t. 10, p. 394. 2. — *Id.* Gener. t. 2, p. 219. 1. pl. 10, fig. 10. — *Id.* Nouv. Dict. d'Hist. nat. t. 23 (1818), p. 260. 1. — Oliv. Encycl. méth. t. 8 (1811), p. 453. 1. — Lamarck, Anim. S. Vert. t. 4, p. 453. 1. — Schoenh. Syn. ins. t. 3, p. 29. 1. — Guérin, Dict. class. d'Hist. nat. t. 12 (1827), p. 92. — J.-B. Fischer, Tentam. consp. Cantharid. p. 14. 1. — Brullé, Expéd. sc. de Morée p. 229. 411. — Cuvier, Règn. anim. édit. V. Masson, pl. 54, fig. 9, et 9, a, antenne. — *Id.* Edit. Guérin, p. 133, pl. 35, fig. 5. — Rosenhauer, Die Thiere Andalusiens, p. 252.

*OEnas africana,* Desmarest, Dict. des. sc. nat. t. 55 (1825), p. 435.

*Ænas afer,* de Casteln. Hist. nat. t. 2, p. 271. 3. — Lucas, Explor. sc. de l'Algérie, p. 592. 1021, pl. 35, fig. 10. Détails.

Long. 0,0112 à 0,0135 (5 à 6). Larg. 0,0033 (1/2).

*Corps* allongé; hérissé en dessus de poils fins et obscurs; ponctué sur la tête et un peu moins finement sur le prothorax, ruguleux sur les élytres. *Tête* noire, marquée de trois petites fossettes transversalement disposées sur le milieu du front. *Antennes* noires, conformées comme il a été dit. *Prothorax* d'un flave ou roux testacé, avec le rebord basilaire obscur. *Elytres* noires; graduellement et sensiblement élargies jusque vers les trois cinquièmes ou deux tiers de leur longueur. *Dessous du corps* et *pieds* noirs. 1^er *article des tarses inter-médiaires* de trois quarts plus grand que le suivant.

Patrie : Le nord de l'Afrique, diverses parties méridionales de l'Europe, la Turquie asiatique.


## 2. Œ. crassicornis; Illiger.


*Pubescent; noir, avec le prothorax et les élytres d'un flave ou d'un roux testacé. Antennes de même grosseur (♂♀). Tête sans traces de ligne mé-diane. Prothorax marqué d'une fossette au devant de l'écusson.*


♂ 1^er article des tarses intermédiaires dilaté et ovale, oblong. Dernier arceau ventral fendu longitudinalement jus-qu'à la moitié de sa longueur.

♀ 1^er article des tarses intermédiaires sans dilatation. Dernier arceau ventral à peine entaillé.

Etat normal, noir. Prothorax et élytres d'un flave ou roux testacé.

*Lytta crassicornis*, Illig. Vierz. n. Insekt. *in* Archiv. v. Wiedemann, t. 1, 2ᵉ cahier (1800), p. 142. 35. — Fabr. Syst. Eleuth. t. 2 (1801), p. 80. 25.

*OEnas ruficollis*, Oliv. Encycl. méth. t. 8 (1811), p. 453. 2. — Latr. Nouv. Dict. d'Hist. nat. t. 25 (1818), p. 260.

*OEnas crassicornis*, Schœnh. Syn. ins. t. 3, p. 29. 5. — J.-B. Fischer, Tentam. Conspect. Cantharid. p. 14. 3. — Lamarck, Anim. S. Vert. t. 4, p. 453. 2. — Waltl, *in* Isis. v. Oken (1838), p. 466. 101. — Brullé, Expéd. scient. de Morée, p. 229. 412. — De Casteln. Hist. nat. t. 2, p. 271. 1. — Küster, Kaef. Europ. 5. 74.

## Var. *A*. Corps entièrement noir.

*Cantharis sericea*, Oliv. Encycl. méth. t. 5, p. 250. 17? — *Id*. Entom. t. 3, nᵒ 46, p. 18. 20, pl. 1, fig. 8. (1)?

*OEnas luctuosus*, Latr. Hist. nat. t. 10, p. 393. 1. — *Id*. Gen. t. 2, p. 220. — Illig. Mag. t. 3, p. 93, note et p. 171. 19. — Schœnh. Syn. ins. t. 3, p. 29. 2. — Tauscher, Enum. *in* Mém. de la Soc. I. des Natur. de Mosc. t. 3 (1812), p. 155. 4.

Long. 0,0078 à 0,0123 (3 1/2 à 5 1/2). Larg. 0,0022 à 0,0033 (1 à 1,2).

*Corps* allongé; hérissé en dessus de poils fins et obscurs; ponctué sur la tête et un peu moins finement sur le prothorax; ruguleux sur les élytres. *Tête* noire; sans traces de ligne médiane. *Antennes* noires; de même grosseur ou grossissant à peine vers l'extrémité (♂ ♀), à 1ᵉʳ article le plus long : le 3ᵉ un peu plus long que large : les 4ᵉ à 10ᵉ plus larges que longs. *Prothorax* d'un roux testacé ou d'un flave orangé; ordinairement marqué d'une fossette au devant de l'écusson. *Elytres* graduellement un peu élargies jusque vers les deux tiers de leur longueur; testacées; d'un flave ou d'un roux testacé. *Dessous du corps* et *pieds* noirs; garnis d'un duvet obscur ou

---

(1) Dans l'Encyclopédie, Olivier dit cet insecte de l'Amérique; dans son Entomologie, il lui donne la Barbarie pour patrie.

cendré. 1ᵉʳ *article* des tarses antérieurs et intermédiaires sensiblement plus long que le suivant.

Patrie : L'Autriche, la Hongrie, la Syrie, le nord de l'Afrique, les parties méridionales de l'Espagne et du Portugal.

Obs. La matière noire s'étend parfois de manière à envahir le prothorax et les élytres.

### Genre *Lydus*, Lyde ; (Megerle) (1).

(λυδ̔ος, Lydien).

Caractères. *Antennes* prolongées au plus jusqu'au quart de la longueur des élytres ; grossissant graduellement vers l'extrémité ; à 1ᵉʳ article renflé : le 2ᵉ court, étroit : le 3ᵉ généralement de moitié au moins plus long que le suivant : les 4ᵉ à 10ᵉ, ou du moins les 6ᵉ à 10ᵉ ; ordinairement plus larges que longs ; dilatés et obtusément subdentés en dessous : le 11ᵉ rétréci en pointe dans sa seconde moitié. *Prothorax* généralement plus long que large ; offrant vers les trois septièmes sa plus grande largeur. *Cuisses postérieures* les plus grosses, sensiblement arquées à leur bord antérieur. *Tibias intermédiaires* un peu arqués. *Corps* suballongé ou allongé ; peu convexe.

Les espèces suivantes ont le corps hérissé en dessus de poils fins, plus longs sur la tête et le prothorax, plus courts et mi-couchés sur les élytres ; le prothorax élargi en ligne peu courbe jusqu'aux trois septièmes ou presque à la moitié ; plus faiblement rétréci ensuite ; tronqué et rebordé à la base ;

---

(1) (Dejean), Catal. (1821) p. 75. Ce genre est nommé *Lydas* (Megerle) dans le Catal. de Dahl, Coléopt. et Lépidopt. (1823), p. 48.

ordinairement déprimé transversalement vers le quart ou un peu plus de sa longueur; et souvent marqué de deux fossettes transversalement disposées ou d'une dépression transversale, vers les deux tiers de sa longueur; les élytres munies d'un rebord marginal, et d'un rebord sutural ordinairement plus faible; chargées de deux ou trois nervures longitudinales, dont la seconde part de la fossette humérale; ordinairement peu émoussées à l'angle sutural, mais souvent un peu divergentes à l'extrémité de la suture; les pieds allongés; le 1<sup>er</sup> article des tarses antérieurs et intermédiaires d'un quart au moins plus grand que le suivant : le 1<sup>er</sup> des postérieurs presque égal aux deux suivants réunis.

### 1. **L. trimaculatus ;** Fabricius.

*Pubescent ; noir, avec les élytres d'un jaune-roux ou d'un roux orangé, ornées chacune de deux taches noires : la 1<sup>e</sup> vers le tiers de leur longueur, en parallélogramme longitudinal, parfois isolée de la suture, mais constituant ordinairement avec sa pareille une tache commune, étendue jusqu'aux deux cinquièmes au moins de la largeur de chaque étui : la 2<sup>e</sup> vers les deux tiers de sa longueur, transverse, distante du bord externe et ordinairement isolée de la suture. Elytres graduellement élargies jusque vers les trois cinquièmes ou un peu plus de leur longueur.*

♂ 1<sup>er</sup> article des tarses intermédiaires comprimé, dilaté et un peu arqué en dessous. Dernier arceau du ventre entaillé jusqu'à la moitié de sa longueur.

♀ 1<sup>er</sup> article des tarses intermédiaires peu ou point épaissi, non dilaté et à ligne droite, en dessous. Premier arceau ventral à peine échancré.

Etat normal. Première tache noire des élytres constituant

avec sa pareille une tache commune : la seconde n'arrivant pas à la suture.

*Mylabris trimaculata,* FABRICIUS, Syst. Entom. p. 261. 4. — *Id.* Spec. ins. t. 1, p. 331. 6. — *Id.* Mant. t. 1, p. 217. 8. — *Id.* Entom. Syst. t. 1. 2, p. 89. 11. — *Id.* Syst. Eleuth. t. 2, p. 85. 20. — CYRILL. Entom. Nap. 1, pl. 3, fig. 7. — LATR. Hist. nat. t. 10, p. 572. 6. — ILLIG. Mag. t. 3, p. 173. 20. — OLIV. Encycl. méth. t. 8, p. 101. 60. — BILBERG, Monogr. Mylabr. p. 61. 42, pl. 6, fig. 15. — SCHOENH. Syn. ins. t. 3, p. 39. 46.

*Meloe (mylabris) trimaculata,* GMEL. C. LINN. Syst. nat. t. 1, p. 2018. 10.

*Cantharis trimaculata,* OLIV. Entom. t. 3, n° 46, p. 18. 21, pl. 2, fig. 18.

*Lydus trimaculatus* (DEJEAN), Catal. (1821), p. 75. — *Id.* (1833), p. 223. — *Id.* (1837), p. 245. — J.-B. FISCHER, Tent. consp. Canthar. p. 13. 2. — FISCHER DE WALDH. Entomogr. t. 2, p. 227, pl. 41, fig. 6. — BRULLÉ, Expéd. scient. de Morée, p. 229. 410. — BRANDT et RATZEB. Médicin. Zool. 2ᵉ part. p. 127, pl. 18, fig. 16. — DE CASTELN. Hist. nat. t. 2, p. 271. 3. — KÜSTER, Kaef. Europ. 7-30.

*Variations des Elytres* (par défaut).

VAR. *A.* Première tache isolée de la suture, ainsi que la deuxième : l'une ou l'autre, ou toutes les deux, réduites parfois à l'état ponctiforme.

*Mylabris 4. maculata,* TAUSCHER, Erum. etc., *in.* Mém. de la Soc. imp. des Natur. de Mosc. t. 3 (1812), p. 141. 10, pl. 10, fig. 12.

*Mylabris trimaculata,* BILBERG, Monogr. Mylabr. p. 61. 42, Var. β, pl. 6, fig. 16. — SCHOENH. 1. cit. p. 40, Var. β.

*Lydus trimaculatus,* FISCHER DE WALDH. Entomogr. de Russie. t. 2, p. 227, pl. 41, fig. 5. — J.-B. FISCHER, Tent. consp. Canthar. p. 13.

*Lydus quadrisignatus,* FISCHER DE WALDH. Entom. de Russ. t. 2, p. 228, pl. 41, fig. 7 et 8.

*Variations des Elytres* (par excès).

**Var.** *B.* Tache noire antérieure des élytres, constituant avec sa pareille une tache commune, comme dans l'état normal : la deuxième arrivant ou à peu près à la suture, et plus ou moins rapprochée du bord externe.

*Lydus trimaculatus,* Var. β., Küster, Kaef. Eur. 7-50.

Long. 0,0100 à 0,0168 (4 1/2 à 7 1/2). Larg. 0,0033 à 0,0050 (1 1/2 à 2 1/4).

*Corps* allongé ou suballongé ; hérissé en dessus de poils fins et obscurs ; ponctué sur la tête et sur le prothorax ; ruguleux sur les élytres. *Tête* noire, offrant souvent les faibles traces d'une ligne longitudinale médiane, prolongée depuis le front jusqu'au vertex. *Antennes* noires ; à $3^e$ article plus grand que le $1^{er}$, de moitié environ plus grand que le $4^e$ : les $1^{er}$ à $10^e$ moins longs que larges. *Prothorax* d'un cinquième environ plus long que large ; noir. *Elytres* graduellement élargies environ jusqu'aux trois cinquièmes ou plus de leur longueur, rétrécies ensuite en ligne courbe jusqu'à l'angle sutural ; colorées et peintes comme il a été dit. *Dessous du corps* et *pieds* noirs ; ponctués ; garnis de poils obcurs. $1^{er}$ article des tarses antérieurs d'un quart au moins plus long que le suivant.

**Patrie** : L'Italie, la Grèce, la Hongrie, la Russie méridionale.

### 2. **L. algiricus** ; Linné.

*Pubescent ; noir, avec les élytres testacées, ou d'un roux ou fauve testacé ; ruguleuses. Tête et prothorax ponctués : ce dernier à peine plus long ou à peine aussi long que large.*

♂ et ♀. Mêmes caractères distinctifs que dans l'espèce précédente.

ETAT NORMAL. *Elytres* testacées ou d'un flave testacé.

*Meloe algiricus*, LINN. Syst. Nat. t. 1 , p. 681. 11. — MUELLER ( P. L. S. ), C. LINN. Naturs. t. 5. 1, p. 385. 11. — GOEZE, Entom. Beytr. t. 1, p. 699. 11. — GMEL. C. LINN. Syst. Nat. t. 1, p. 2019. 11. — DE VILLERS , C. LINN. Entom. t. 1, p. 400. 7.

*Cantharis fulva,* DE GEER, Mém. t. 7, p. 650. 53, pl. 48, fig. 17. — RETZ. Gener. p. 133. 817.

*Mylabris algirica,* FABR. Spec. t. 1, p. 350. 3. — *Id.* Mant. ins. t. 1, p. 216. 3. — *Id.* Entom. Syst. t. 1. 2, p. 88. 5. — *Id.* Syst. Eleuth. t. 2, p. 82. 7. — ROSSI, Faun. Etr. t. 1, p. 241. 596. — *Id.* Edit. HELW. t. 1, p. 295. 596. — OLIV. Entom. t. 3, n° 47, p. 9. 10, pl. 1, fig. 5. — *Id.* Encycl. méth. t. 8, p. 96. 29. — LATR. Hist. nat. t. 10, p. 372. 5. — BILB. Monogr. Mylabr. p. 69. 48, pl. 7, fig. 15. — SCHOENH. Syn. ins. t. 3, p. 41. 54.

*Mylabris maura,* PALLAS, Icon. p. 93. 22, pl. E, fig. 22.

*Lydus algiricus* (DEJEAN), Catal. (1821), p. 75. — *Id.* (1833), p. 223. — *Id.* p. 245. — J.-B. FISCHER, Tentam. Consp. Cantharid. p. 13. 1. — MÉNÉTR. Catal. p. 209. 930. — BRULLÉ, Expéd. sc. de Morée, p. 229. 409. — CHEVROLAT, Descrip. etc. *in* Revue entomol. de Silbermann, t. 5, p. 278. 1. — WALTL, *in* Isis. v. Oken, 1838, p. 466. 100. — Règn. anim. de Cuvier, édit. V. Masson, pl. 54, fig. 8. Détails. — KÜSTER, Kaef. Europ. p. 3. 58.

*Lydus algericus,* DE CASTELN. Hist. nat. t. 2, p. 271. 1.

*Variations des Elytres* (par excès).

# VAR. *A.* Elytres d'un testacé fauve ou d'un fauve testacé.

*Mylabris algirica,* TAUSCHER, Mém. de la Soc. imp. des Natur. de Mosc. t. 3 (1812), p. 138. 6, pl. 10, fig. 8. — BILB. loc. cit. p. 69. 48, pl. 7, fig. 11.

Long. 0,0135 à 0,0202 (6 à 9). Larg. 0,0033 à 0,0056 (1 1/2 à 2 1/2).

*Corps* allongé, subparallèle; hérissé en dessus de poils fins et obscurs; ponctué sur la tête et sur le prothorax; ruguleux sur les élytres. *Tête* noire. *Antennes* noires; à 3e article ordinairement presque égal ($\sigma$) ou égal ($\varphi$) aux deux suivants réunis : les 5e à 9e moins longs que larges ($\varphi$), parfois aussi longs que larges ($\sigma$). *Prothorax* noir; un peu moins long ($\varphi$) ou à peu près aussi long ($\sigma$) qu'il est large à la base. *Elytres* un peu élargies vers les trois cinquièmes ou quatre septièmes de leur longueur; variant du testacé au fauve testacé. *Dessous du corps* et *pieds* noirs; ponctués; garnis de poils cendrés ou obscurs. 1er article des tarses antérieurs d'un quart environ plus long que le suivant.

PATRIE : L'Italie, la Grèce, la Russie méridionale, le nord de l'Afrique.

OBS. Cette espèce s'éloigne des autres par le 3e article de ses antennes généralement plus long et par le prothorax plus court.

La couleur varie du testacé ou flave testacé au roux fauve ou au fauve testacé.

Parfois, chez le $\sigma$, les 5e à 9e ou même 5e à 10e articles des antennes sont aussi longs que larges, et le 3e seulement de moitié ou des deux tiers plus grand que le suivant. Chez la $\varphi$, les articles 4e à 10e sont généralement plus larges que longs et le 3e presque égal aux deux suivants réunis.

Quelquefois les antennes, à partir du 4e article, sont contournées en forme d'S, au moins après la mort de l'insecte.

Le *Meloe algiricus*, décrit par Wulfen (Descrip. quor. capens. Insector (1786), p. 18. 11, pl. 1, fig. 8, a, et 8, b), insecte du cap de Bonne-Espérance, doit-il être rapporté à notre *L. algiricus*, ou, selon l'opinion de M. Chevrolat, constituer une autre espèce et même faire partie d'un autre genre?

### 5. **L. marglncus;** SCHOENHERR.

*Pubescent; noir, avec les élytres ornées chacune d'une bordure marginale d'un rouge de sang, prolongée depuis l'extrémité du calus huméral jusqu'à l'angle sutural, égale au quart de la largeur d'un étui vers la moitié de sa longueur. Elytres subparallèles. Prothorax plus long que large.*

♂ et ♀. Mêmes caractères distinctifs que chez les précédents.

*Lytta marginata,* FABR. Entom. Syst. t. *1*. 2, p. 88. 4. — *Id.* Syst. Eleuth. t. 2, p. 82. 6. — COQUEB. Illustr. Ins. t. 3, p. 131, pl. 30, fig. 5. — OLIV. Encycl. méth. t. 8, pl. 94. 15.

*Lytta marginea,* SCHŒNH. Syn. Insect. t. 3, p. 27. 42.

*Lydus marginatus,* CHEVROLAT, Descript. etc. *in* Revue entom. de Silberm. t. 5, p. 279. 3. — DE CASTELN. Hist. nat. t. 2, p. 271. 2. — LUCAS, Expéd. scient. de l'Algér. p. 392. 1020.

Long. 0,0180 à 0,0202 (8 à 9). Larg. 0,0052 à 0,0081 (2 1/3 à 2 2/3).

*Corps* allongé; subparallèle; hérissé en dessus de poils fins et obscurs; ponctué sur la tète et sur le prothorax, ruguleux ou ruguleusement ponctué sur les élytres. *Tête* noire; ordinairement marquée de deux fossettes ou d'une dépression transverse sur le front. *Antennes* noires; à 3ᵉ article ordinairement de moitié plus long que le suivant. *Prothorax* plus long que large. *Elytres* subparallèles; noires, avec le bord marginal de chacune paré d'une bordure d'un rouge de sang, prolongée depuis l'extrémité du calus jusqu'à l'angle sutural, égale environ au quart de la largeur d'un étui, vers la moitié de leur longueur; chargées chacune de trois nervures : la submarginale divisant longitudinalement la bordure. *Dessous du corps* et *pieds* noirs; ponctués; garnis de poils obscurs.

PATRIE : L'Algérie.

OBS. Fabricius ayant donné primitivement l'épithète de *marginata* à une autre espèce de ses *Lytta,* Schœnherr a donné à celle-ci la dénomination que nous avons adoptée.

### 4. **L. humeralis**; Schoenherr.

*Pubescent ; noir, avec les élytres ornées chacune d'une tache humérale d'un flave testacé, étendue au moins jusqu'aux deux cinquièmes internes de la base, postérieurement rétrécie et plus ou moins prolongée.*

♂ et ♀. Mêmes caractères distinctifs que chez les précédents.

*Lytta humeralis*, Schoenherr, Syn. Ins. t. 3. Append. p. 16. 20. (décrite par Gyllenhall.)

*Lydus humeralis* (Dejean), Catal. (1833), p. 224. — *Id.* (1837), p. 245.

Etat normal. *Elytres* ornées chacune d'une tache humérale d'un flave testacé, étendue à la base jusqu'aux deux cinquièmes internes des élytres, irrégulièrement rétrécie d'avant en arrière, et longitudinalement prolongée dans la direction du calus huméral jusqu'au quart de la longueur.

#### *Variations* (par défaut).

Var. *A*. Tache humérale étendue parfois à la base jusqu'à l'écusson, et longitudinalement prolongée jusqu'à la moitié ou même aux deux tiers de la longueur des élytres, en couvrant de' moins en moins la partie interne de la surface de chaque étui.

Long. 0,0157 à 0,0180 (7 à 8). Larg. 0,0045 à 0,0051 (2 à 2 1/4).

*Corps* allongé; subparallèle; hérissé en dessus de poils fins et obscurs; ponctué sur la tête et un peu moins finement sur le prothorax; ruguleux ou ruguleusement ponctué sur les élytres. *Tête et Antennes* noires : 3ᶜ article de celles-ci presque égal au deux suivants réunis. *Prothorax* plus long que large. *Elytres* subparallèles; colorées comme il a été dit. *Dessous du corps* et *pieds* noirs ; ponctués, garnis de poils obscurs.

Patrie : La Turquie d'Asie.

## Genre *Alosimus*, ALOSIME; Mulsant (1).

(αλωσιμος, qui se laisse facilement prendre).

CARACTÈRES. *Antennes* prolongées environ jusqu'au quart ou au tiers de la longueur des élytres; soit de même grosseur ou grossissant à peine vers l'extrémité, soit graduellement plus minces vers celle-ci, chez quelques ♂; à articles 3ᵉ à 10ᵉ plus longs que larges, ni dilatés, ni dentés en dessous : le 11ᵉ rétréci en pointe à son extrémité : le 3ᵉ plus grand que le suivant. *Prothorax* moins long que large, offrant ordinairement vers le tiers ou les deux cinquièmes de sa longueur sa plus grande largeur.

Les insectes de ce genre ont souvent aussi, comme les Lydes, le prothorax déprimé transversalement vers le quart ou le tiers de sa longueur, et les tibias intermédiaires arqués; mais ils s'éloignent de ces insectes par la forme des articles 4ᵉ à 10ᵉ de leurs antennes et par la brièveté de leur prothorax.

A. Cuisses postérieures arquées, renflées, notablement plus grosses que les précédentes (s. g. *Alosimus*).

### 1. **A. noticollis**; MULSANT et WACHANRU.

*Pubescent; noir ou d'un noir brûlé. Prothorax d'un roux testacé; orné d'une tache noire, bilobée ou bidentée en devant, couvrant au moins les deux tiers de la base, avancée au moins jusqu'au milieu de la longueur. Elytres noires, ornées chacune d'une bordure externe d'un roux testacé, couvrant à peu près toute la base, réduite au tiers externe de la largeur après le calus huméral, et au cinquième de la largeur à partir du quart ou du tiers de la longueur.*

♂ 1ᵉʳ article des tarses antérieurs comprimé, dilaté et un

---

(1) MULSANT, Hist. nat. des Coléop. de France *(Vésicants)*, p. 150.

peu arqué en dessous. 1er article des tarses intermédiaires comprimé, dilaté et en ligne droite en dessous. Dernier arceau du ventre entaillé presque jusqu'à la moitié de sa longueur.

♀ Inconnue.

*Lydus maculicollis*, E. MULSANT et Al. WACHANRU, MULSANT, Opusc. 1er cahier (1852), p. 172. 15. — Mém. de l'Acad. des sc. de Lyon, t. 2 (1852) (sciences), p. 12.

*Lydus noticollis*, MULSANT et WACHANRU, mss.

Long. 0.00146 à 0,0157 (6 1 2 à 7). Larg. 0,0033 (1 1/2).

*Corps* allongé; hérissé en dessus de poils obscurs plus courts sur les élytres, parfois en partie usés sur le prothorax et surtout sur les élytres; ponctué sur la tête et sur le prothorax; ruguleux sur les élytres. *Tête* noire. *Antennes* noires ou d'un noir brun, parfois graduellement fauves ou d'un fauve brunâtre à l'extrémité; subcomprimées; à articles 3e à 11e élargis en ligne courbe de la base jusqu'aux deux tiers ou jusque près de l'extrémité, submoniliformes, plus longs que larges. *Prothorax* plus large que long; d'un roux testacé ou d'un flave roussâtre; orné d'une tache noire ou d'un noir brûlé, couvrant les deux tiers médiaires ou parfois jusqu'aux quatre cinquièmes médiaires de la base, avancée jusqu'à la moitié de sa longueur, bilobée ou bidentée en devant. *Élytres* subparallèles; noires ou d'un noir brûlé; ornées chacune d'une tache d'un roux testacé ou d'un flave roussâtre, couvrant la base jusque près de l'écusson, réduite aux deux cinquièmes externes ou même au tiers externe de la largeur vers le quart ou le tiers de la longueur, et réduite postérieurement au cinquième de la largeur et prolongée jusqu'à l'extrémité. *Dessous du corps* et *pieds* noirs; pointillés; brièvement mi-hérissés de poils noirs ou obscurs.

PATRIE : La Caramanie.

Obs. Le nom primitif a été changé pour éviter, dans la même famille, la répétition du même nom spécifique : Klug ayant déjà donné le nom de *maculicollis* à une de ses *Lytta*.

## 2. **A. pallidicollis** ; Schœnherr.

*Pubescent ; noir ou d'un noir brûlé. Prothorax d'un flave ou jaune orangé ; orné d'une tache noire, couvrant ordinairement la moitié médiaire, quelquefois la majeure partie médiaire de la base, avancée en se rétrécissant plus ou moins jusqu'à la moitié antérieure de la longueur, subarrondie à son bord antérieur. Tête et prothorax ponctués. Elytres sans taches.*

♂ 1ᵉʳ article des tarses intermédiaires comprimé, graduellement plus dilaté en dessous depuis l'extrémité jusqu'à la base, coupé longitudinalement en ligne droite à son bord basilaire. Dernier arceau ventral entaillé ou fendu jusqu'à la moitié de sa longueur.

♀ 1ᵉʳ article des tarses intermédiaires de forme ordinaire, peu ou point dilaté. Dernier arceau du ventre peu profondément échancré.

Etat normal. Tache noire du prothorax couvrant la moitié médiaire environ de la base de ce segment, faiblement rétrécie d'arrière en avant.

Variations.

Obs. Quelquefois la tache noire du prothorax couvre presque toute la largeur médiaire de la base de ce segment, est plus fortement rétrécie d'arrière en avant, presque en demi-cercle à son bord antérieur.

*Lytta pallidicollis*, Schœnherr, Syn. ins. t. 5, Append. p. 16. 21 (décrite par Gyllenhall).

*Lydus pallidicollis* (Dejean), Catal. (1833), p. 224. — *Id.* (1837), p. 243.

*Cantharis maculicollis*, Reiche, Catal. des esp. d'Ins. Coléopt. recueillis par M. de Saulcy, pendant son voyage en Orient, p. 16. 509.

Long. 0,0100 à 0,0180 (4 1/2 à 5). Larg. 0,0022 à 0,0045 (1 à 2).

*Corps* allongé ; subparallèle ; hérissé en dessus de poils obscurs, plus courts sur les élytres ; ponctué sur la tête et le prothorax, ruguleux sur les élytres. *Tête* noire. *Antennes* noires ou d'un brun noir ; à articles submoniliformes, un peu plus longs que larges. *Prothorax* plus large que long ; d'un flave ou jaune orangé ; marqué d'une tache noire, comme il a été dit. *Elytres* subparallèles ; noires ; sans taches. *Dessous du corps* et *pieds* noirs : ceux-ci garnis en dessous des tibias et tarses antérieurs, surtout chez le ♂, de poils flavescents testacés, obscurs sur le reste.

PATRIE : La Turquie d'Asie.

Obs. Quelquefois les pieds, surtout les antérieurs, sont un peu moins obscurs, et le duvet qui garnit les tibias et tarses antérieurs est d'un roux testacé.

### 5. **A. syriacus** ; LINNÉ.

*Pubescent. Tête noire ou d'un noir verdâtre ; ornée sur le milieu du front d'une tache ponctiforme d'un rouge jaune ; rayée d'une ligne médiane sur le vertex. Prothorax d'un roux flave ou testacé ; rayé d'une ligne médiane et marqué d'une fossette entre cette ligne et chacun des bords latéraux, un peu après la moitié de sa longueur. Elytres d'un bleu verdâtre ou d'un vert bleuâtre. Dessous du corps d'un bleu verdâtre ou d'un bleu noir. Pieds noirs ou d'un noir verdâtre.*

♂ 1er article des tarses intermédiaires moins long que le 2e, à peine plus long que large ; comprimé et dilaté en dessous d'une manière presque égale ; séparé en dessous du tibia par un sillon profond. Dernier arceau du ventre entaillé ou fendu jusqu'à la moitié de sa longueur.

♀ 1er article des tarses intermédiaires plus long que large, régulier, non dilaté. Dernier arceau ventral entier ou à peine échancré.

*Meloe syriacus*, LINNÉ, Mus. Ludov. Ulric. p. 102. 1. — *Id.* Syst. Nat. 12ᵉ édit. t. 1, p. 680. 4.

*Lytta syriaca*, SCHOENH. Syn. ins. t. 3, p. 23. 11, etc.

*Alosimus syriacus*, MULSANT, Hist. nat. des Coléopt. de Fr. (Vésicants), p. 151.

Long. 0,0112 à 0,0157 (5 à 7). Larg. 0,0033 à 0,0051 (1 1,2 à 2 1/4).

*Corps* allongé; ponctué sur la tête et un peu plus finement et plus parcimonieusement sur le prothorax, ruguleux sur les élytres; hérissé sur la tête et sur le prothorax de poils cendrés ou obscurs, et de poils plus courts et mi-couchés sur les élytres. *Tête* ordinairement noire, mais variant du noir au vert métallique; ornée sur le milieu du front d'une tache ponctiforme d'un rouge jaune; rayée d'une ligne médiane prolongée ordinairement depuis cette tache jusqu'à la partie postérieure du vertex. *Antennes* noires; à articles 4ᵉ à 10ᵉ un peu plus longs que larges, élargis en ligne courbe depuis la base jusque près de l'extrémité. *Prothorax* plus large que long; arrondi à ses angles antérieurs jusqu'aux deux cinquièmes de sa longueur, plus sensiblement rétréci ensuite; d'un rouge jaune, d'un rouge ou roux testacé, luisant; rayé d'un sillon médian et marqué, un peu après la moitié de sa longueur, d'une fossette entre cette ligne et chacun des bords latéraux. *Elytres* ordinairement d'un bleu verdâtre, mais variant depuis cette teinte jusqu'au vert métallique. *Dessous du corps* ordinairement d'un bleu verdâtre, parfois d'un bleu obscur. *Pieds* noirs ou d'un noir bleuâtre, avec les cuisses d'un bleu verdâtre.

PATRIE : L'Autriche, l'Orient, etc.


### 4. **A. chalybaeus** ; TAUSCHER.


*Corps d'un bleu verdâtre ou d'un bleu d'acier verdâtre, avec les antennes, les palpes, les tibias et les tarses, noirs ; hérissé en dessus de poils obscurs. Tête et prothorax ponctués : la première sans ligne médiane : le second arqué en devant, élargi en ligne courbe jusqu'aux deux cinquièmes, rétréci ensuite en ligne un peu courbe; plus large que long ; déprimé transversalement après le bord antérieur; sans traces de ligne médiane. Cuisses postérieures un peu renflées.*

♂ Antennes prolongées jusqu'au quart environ de la longueur des élytres. 5ᵉ arceau ventral entaillé en angle très ouvert : le 6ᵉ fendu jusqu'à la base. Cuisses postérieures plus arquées, plus renflées. Tarses garnis d'un duvet plus long en dessous : 1ᵉʳ article des antérieurs et des intermédiaires un peu renflé.

♀ Antennes faiblement prolongées au delà des angles postérieurs du prothorax ou de la base des élytres. 5ᵉ arceau ventral à ligne presque droite à son bord postérieur : le 6ᵉ peu profondément fendu. Cuisses postérieures moins robustes, moins arquées.

*OEnas chalybaeus,* Tauscher, Enum. *in* Mém. de la Soc. imp. des Natur. de Mosc. t. 3 (1812), p. 153. 1, pl. 10. fig. 19. — Schoenh. Syn. Ins. t. 3, p. 29. 4.

*Lytta chalybea* (Dejean), Catal. (1821), p. 75. — Fischer de Waldh. Entomogr. de Russ. t. 2, p. 229, pl. 42, fig. 4. — Ménétr. Catal. p. 209. 953. — Waltl, Beytr. z. Kenntn. d. Coleopt. d. Turkey, *in* Isis. v. Oken, 1838, p. 466. 103.

*Cantharis chalybaa,* J.-B. Fischer, Tentam. Conspect. Canthar. p. 15. 4.

*Lydus chalybaeus* (Dejean), Catal. (1835), p. 224. — *Id.* (1837), p. 245. — Küster, Kaef. Europ. 3. 59.

Var. *A.* Verte.

*Lytta chalybea,* Ménétr. Catal. p. 209. 953. Var.

Long. 0,0090 à 0,0123 (4 à 6ˡ). Larg. 0,0028 à 0,0033 (1 1/4 à 1 1/2).

*Corps* entièrement d'un bleu verdâtre ou d'un bleu d'acier verdâtre, avec les antennes, les palpes, les tibias et les tarses, noirs; hérissé en dessus de poils obscurs, moins longs et plus clair-semés sur les élytres. *Tête* marquée de points assez rapprochés, lisse entre ces points; notée d'une fossette sur le milieu de l'espace compris entre les yeux, et souvent d'une autre plus obsolète au côté interne de chaque œil. *Palpes* et *antennes* noires : ces dernières grossissant un peu vers l'extrémité ; asez épaisses ; à 3e à 10e articles grossissant un peu de la base à l'extrémité, un peu plus longs que larges : le 3e assez faiblement plus grand que le 4e : le 11e, le plus grand, de moitié plus long que le précédent, rétréci en pointe dans sa seconde moitié. *Yeux* entiers. *Prothorax* arqué en devant ou élargi en ligne un peu courbe depuis les côtés du cou jusqu'au tiers ou aux deux cinquièmes de sa longueur, rétréci ensuite en ligne courbe et paraissant ainsi arqué sur les côtés ; légèrement sinué près des angles postérieurs ; en ligne tantôt droite, tantôt légèrement arquée en arrière ou en sens contraire, à la base ; muni à celle-ci d'un rebord presque uniforme ; médiocrement convexe ; marqué de points un peu moins fins que ceux de la tête ; offrant après le bord antérieur, vers le quart ou le tiers de la longueur, une dépression transverse plus ou moins prononcée ; sans traces de ligne longitudinale médiane. *Ecusson* presque en demi-cercle. *Elytres* ruguleuses ou granuleuses ; offrant deux légères nervures longitudinales. *Dessous du corps* et *cuisses* d'un bleu vert. *Tibias* et *tarses* noirs, parfois bruns. *Eperon* externe des tibias postérieurs épais. 1er article des tarses antérieurs et intermédiaires à peine plus long que le suivant : le 1er des postérieurs presque aussi long que les deux suivants réunis. *Ongles* pectinés.

Patrie : La Russie méridionale, la Taurie, la Géorgie.


### 5. A. elegantulus.

*Hérissé en dessus de poils obscurs ; entièrement d'un vert mi-doré, avec les dix derniers articles des antennes noirs, et les tarses parfois obscurs. Tête et prothorax ponctués, à peine pointillés entre les points : la tête sans sillon marqué sur le milieu de la partie postérieure du vertex : le prothorax élargi en ligne courbe depuis les côtés du cou jusqu'aux deux cinquièmes, puis rétréci en ligne un peu courbe ; un peu plus large que long ; relevé à sa base en un rebord précédé d'un sillon triangulairement élargi dans son milieu ; déprimé après le bord antérieur ; rayé d'une ligne médiane.*

♂ Dernier arceau du ventre entaillé jusqu'à la moitié de sa longueur.

*Lytta elegans* (KINDERMANN).

Long. 0,0112 (5). Larg. 0,0033 (1 1,2).

*Corps* allongé ; peu convexe ; d'un vert mi-doré, quelquefois d'un vert un peu bleuâtre sur la tête ; hérissé en dessus de poils fins et obscurs, moins longs sur les élytres que sur le reste. *Antennes* prolongées jusqu'aux deux cinquièmes des élytres ; filiformes ; noires, avec le 1er article vert : les 5e à 10e d'un quart ou de moitié plus longs que larges : le 5e un peu plus grand que le 4e. *Tête* et *prothorax* ponctués, presque lisses, mais finement ou obsolètement pointillés entre les joints : la tête sans sillon sur le milieu de la partie postérieure du vertex, ou en offrant à peine les traces : le prothorax élargi en ligne courbe depuis les côtés du cou jusqu'aux deux cinquièmes de la longueur de ses côtés, sensiblement rétréci ensuite en ligne un peu courbe ; à peine sinué près des angles postérieurs ; tronqué ou à peine arqué en arrière à la base ; relevé à celle-ci en un rebord tranchant, précédé d'un sillon transversal triangulairement élargi à l'extrémité de la ligne médiane ; à peine plus large à la base qu'il est long sur son milieu, mais notablement plus large vers les deux cinquièmes ; peu ou très médiocrement convexe ; marqué d'une dépression ou fossette transverse vers le quart de sa longueur ; rayé d'une ligne médiane prolongée depuis cette fossette jusqu'au sillon antébasilaire. *Ecusson* en triangle sinué sur les côtés, obtusément arrondi à son extrémité. *Elytres* ruguleuses. *Dessous du corps* et *pieds* d'un vert mi-doré, avec les tibias parfois foncés ou obscurs et les tarses obscurs ou noirâtres.

Patrie : La Turquie.

Obs. Le nom d'*elegans*, sous lequel cette espèce nous a été envoyée, ayant déjà été donné par Klug à une autre *Lytta*, nous avons été obligé de changer un peu la dénomination primitive imposée par M. Kindermann.

### 6. A. viridissimus ; Lucas.

*Hérissé de poils clair-semés sur la tête et sur le prothorax, glabre sur les élytres; d'un vert mi-doré souvent en partie bleuâtre sur la tête, parfois tirant sur le bleuâtre sur le prothorax et même sur les élytres. Dix derniers articles des antennes noirs. Tête et prothorax ponctués, pointillés entre les points : la tête marquée d'un sillon sur le milieu de la partie postérieure du vertex : le prothorax élargi en ligne courbe depuis les côtés du cou jusqu'aux deux cinquièmes, puis un peu rétréci en ligne droite ; muni d'un rebord basilaire très étroit ; plus large que long ; sans dépression ou ligne médiane bien marquée en dessus. Dessous du corps et pieds d'un vert bleuâtre ou doré.*

♂ Dernier arceau du ventre entaillé jusqu'à la moitié de sa longueur.

♀ Dernier arceau du ventre entier ou peu échancré.

*Lytta smaragdina* (Dejean), Catal. (1833), p. 224. — *Id.* (1837), p. 246.

*Cantharis viridissima*, Lucas, Explor. sc. de l'Algérie, p. 393. 1023, pl. 34, fig. 4, et 4, a.

Long. 0,0112 à 0,0135 (5 à 6). Larg. 0,0035 à 0,0042 (1 4,7 à 1 7,8).

*Corps* allongé; peu convexe; métallique; ordinairement d'un vert en partie bleuâtre sur la tête et moins sensiblement sur les élytres, et d'un vert mi-doré ou doré sur le prothorax; hérissé sur la tête et plus parcimonieusement sur le prothorax, de poils obscurs. *Tête* marquée de points moins rapprochés sur le vertex et surtout sur les côtés des tempes que sur le front; obsolètement et ruguleusement pointillée entre les points. *Antennes* prolongées jusqu'aux deux cinquièmes des élytres; noires; à 1<sup>er</sup> article vert : à 4<sup>e</sup> à 10<sup>e</sup> articles ordinairement d'un sixième ou d'un cinquième ($♀$), ou parfois de moitié ($♂$) plus longs que larges : le 3<sup>e</sup> un peu plus grand que le 4<sup>e</sup>. *Yeux* entiers. *Prothorax* d'un tiers ou d'un quart plus large que long; élargi en ligne courbe depuis les côtés du cou jusqu'aux deux cinquièmes de sa longueur, assez faiblement rétréci ensuite en ligne droite jusqu'aux angles postérieurs; tronqué à la base; muni à celle-ci d'un rebord très étroit et pas plus élevé que le dos; médiocrement convexe; ordinairement sans dépressions, offrant parfois une dépression transverse, obsolète, vers le tiers de sa longueur; montrant rarement sur le milieu de sa longueur les faibles traces d'une raie médiane; ponctué, mais plus évidemment pointillé entre les points que la tête. *Ecusson* assez large, en triangle obtusément arrondi à son extrémité. *Elytres* subparallèles ($♂$) ou sensiblement élargies jusque vers les trois cinquièmes de leur longueur ($♀$); subarrondies à l'angle sutural; ruguleuses ou ruguleusement ponctuées. *Dessous du corps* d'un vert bleuâtre, parfois d'un vert mi-doré ou d'un vert doré sur la poitrine, et doré ou doré cuivreux brillant sur le ventre; garni de poils blanchâtres. *Pieds* d'un vert bleuâtre ou d'un vert mi-doré. 1<sup>er</sup> article des tarses plus long que le suivant : le 2<sup>e</sup> des tarses postérieurs moins long que les deux suivants réunis.

Patrie : L'Algérie.

Obs. La couleur verte du corps varie un peu de teinte. Elle est parfois d'un vert mi-doré sur la tête avec la moitié antérieure d'un vert bleuâtre; d'autres fois elle est presque entièrement de cette couleur. Le prothorax et les élytres présentent des variations analogues.

Cette espèce se distingue de l'*A. elegantulus* par sa taille ordinairement un peu plus avantageuse; par son corps un peu plus large ; par sa tête marquée d'un sillon très apparent sur le milieu de la partie postérieure du vertex ; par son prothorax ordinairement sans dépression transverse bien sensible vers le tiers de sa longueur, muni à la base d'un rebord très étroit, uniforme, pas plus saillant que le reste du dos, non marqué d'une fossette à l'extrémité de la ligne médiane, qui est ordinairement indistincte, au moins à ses extrémités.

*A A.* Cuisses postérieures non arquées, à peine plus grosses que les précédentes (s. g. *Micromerus*).

### 7. **A. collaris** ; Fabricius.

*Allongé ; très brièvement pubescent. Vertex et milieu de la seconde moitié du front, antennes, prothorax et pieds, d'un rouge testacé. Elytres bleues : deux points enfoncés sur le prothorax. Ecusson et dessous du corps noirs. Tête sans ligne médiane. Prothorax élargi en ligne courbe depuis les côtés du cou jusqu'au tiers ou aux deux cinquièmes, rétréci ensuite ; étroitement rebordé à la base ; plus large vers les deux cinquièmes qu'il n'est long.*

♂ Dernier arceau ventral entaillé presque jusqu'à la moitié de sa longueur.

♀ Dernier arceau ventral entier ou à peine échancré.

*Meloe erythrocyana,* Pallas, Icon. p. 96. 27, pl. E, fig. 27, a, b.

*Lytta collaris,* Fabr. Mant. t. 1, p. 215. 3. — *Id.* Ent. Syst. t. 1. 2, p. 84. 4. — *Id.* Syst. Eleuth. t. 2, p. 74. 4. — Gmel. C. Linn. Syst. Nat. t. 1, p. 2014. 3. — Illig. Mag. t. 3, p. 174. 4. — Schœnh. Syn. Ins. t. 3, p. 22. 5. — Fischer de Waldh. Entom. de Russ. t. 2, p. 229. 5, pl. 42, fig. 5. — Ménétriés, Catal. p. 209. 954. — *Id.* Descript. des insect. recueillis par feu A. Lehmann, *in* Mém. de l'Acad. des sc. de Saint-Pétersb. (sc. nat.), t. 6, p. 248. 514. — *Id.* Tiré à part. 2e part. p. 52. 514. — Küster, Kaef. Eur. 1. 51.

*Meloe collaris,* de Villers, C. Linn. Syst. Nat. t. 4, p. 564.

*Cantharis collaris,* Oliv. Encycl. méth. t. 5, p. 278. 5. — *Id.* Entom. t. 3, n° 46, p. 9. 5, pl. 2, fig. 12. — Tauscher, Enum. *in* Mém. de la Soc. imp. des Natur. de Mosc. t. 5 (1812), p. 155. 1, pl. 11, fig. 1. — J.-B. Fischer, Tent. Consp. Canthar. p. 16. 11. — De Casteln. Hist. nat. t. 2, p. 272. 4.

*Lytta myagri* (Ziegler), Fischer de Waldh. Entomogr. de Russ. t. 2, p. 228. 1,
pl. 42, fig. 1.

Long. 0,0157 à 0,0225 (7 à 10). Larg. 0,0045 à 0,0052 (2 à 2 1/3).

*Corps* allongé; médiocrement convexe; hérissé en dessus
d'un duvet court, obscur, peu apparent. *Tête* marquée de
points médiocrement rapprochés, surtout sur la ligne médiane
depuis le milieu du front; noire, avec le vertex (moins la
partie postérieurement déclive de celui-ci) et le milieu de la
partie postérieure de celui-ci d'un rouge roux ou d'un rouge
testacé: la partie noire formant sur le front une tache bilobée,
prolongée après les yeux jusqu'aux côtés des tempes, où elle
s'unit au bord noir de la partie postérieurement déclive du
vertex. *Yeux* noirs; entiers. *Antennes* prolongées jusqu'au
sixième (♀) ou au quart (♂) environ de la longueur des
élytres; grossissant graduellement un peu vers l'extrémité;
d'un rouge roux ou testacé; à 3ᵉ article un peu plus grand
que le 4ᵉ; une fois au moins plus long que large: les 5ᵉ à 10ᵉ
un peu moins longs, surtout les 5ᵉ et 10ᵉ; grossissant un peu
de la base à l'extrémité. *Cou* noir. *Prothorax* élargi en ligne
courbe jusqu'au tiers ou aux deux cinquièmes, offrant dans
ce point sa plus grande largeur, sensiblement rétréci ensuite
en ligne presque droite; tronqué et étroitement rebordé à la
base; au moins aussi long qu'il est large à cette dernière;
sensiblement moins long qu'il est large dans son diamètre
transversal le plus grand; médiocrement ou assez faiblement
convexe; marqué de points rapprochés, peu profonds, plus
larges sur le disque; obsolètement pointillé entre les points;
offrant souvent sur son milieu une trace lisse, imponctuée, et
une ligne médiane légère, raccourcie à ses extrémités; marqué
vers les trois cinquièmes de sa longueur de deux gros points
enfoncés, noirs, et transversalement disposés un de chaque
côté, entre la ligne médiane et le bord externe; d'un rouge

roux ou d'un rouge testacé, avec ses bords antérieurs et postérieurs et le bord latéral du repli, noirs. *Ecusson* noir. *Elytres* parallèles; d'un beau bleu métallique; ruguleuses ou ruguleusement ponctuées; à deux ou trois nervures longitudinales, légères. *Dessous du corps* finement ponctué; hérissé de poils noirs; noir, ainsi que les trochanters. *Pieds* d'un rouge ou roux testacé; hérissés de poils bruts et obscurs : cuisses postérieures de la grosseur des autres.

Patrie : La Russie méridionale.

## DEUXIÈME RAMEAU.

### Les Cantharidiates.

Caractères. *Ongles* ni pectinés, ni dentés. *Yeux* ordinairement échancrés.

Ils peuvent être divisés de la manière suivante :

*Genres.*

Eperon externe des tibias postérieurs :

— très épais, obliquement tronqué à son extrémité, notablement moins court que l'interne : celui-ci grêle et pointu. Antennes grossissant plus ou moins sensiblement vers l'extrémité; à 5ᵉ article à peine plus grand que le suivant. Elytres moins arrondies à leur angle sutural qu'à leur partie postéro-externe.

    Prothorax plus long que large; élargi depuis les côtés du cou jusque vers les trois septièmes de sa longueur, subparallèle ou peu rétréci ensuite. Elytres un peu élargies depuis la base jusqu'aux trois cinquièmes de leur longueur. Cuisses postérieures plus grosses, arquées. Yeux entiers ou presque entiers. **LAGORINA.**

    Prothorax moins long que large; élargi depuis les côtés du cou jusqu'au tiers ou aux deux cinquièmes de sa longueur, plus ou moins notablement rétréci ensuite. **CANTHARIS.**

— à peu près aussi grêle que l'interne. Antennes généralement plus grêles vers leur extrémité, au moins chez les ♂; à 5ᵉ article de moitié au moins plus long que le suivant. Elytres graduellement élargies d'avant en arrière; plus arrondies à l'angle sutural qu'à leur partie postéro-externe. **EPICAUTA.**

## Genre *Lagorina*, LAGORINE.

CARACTÈRES. *Eperon externe des tibias postérieurs* épais, obliquement tronqué à son extrémité, notablement moins court que l'interne : celui-ci grêle et pointu. *Antennes* grossissant plus ou moins sensiblement vers l'extrémité ; à 3e article plus grand que le suivant. *Elytres* un peu élargies depuis la base jusqu'aux trois cinquièmes de leur longueur ; moins arrondies à leur angle sutural qu'à leur partie postéro-externe. *Prothorax* plus long que large ; élargi depuis les côtés du cou jusque vers les trois septièmes de sa longueur, subparallèle ou peu rétréci ensuite. *Cuisses postérieures* plus grosses et arquées. *Yeux* entiers ou presque entiers.

### 1. **L. sericea**; WALTL.

*Pubescent. Antennes noires, à base verte. Tête et prothorax d'un vert mi-doré, souvent en partie d'un rouge cuivreux ; marqués de points contigus : la première rayée d'un sillon sur le milieu de la partie postérieure du vertex : le second plus long que large ; élargi jusqu'aux trois septièmes, subparallèle ensuite. Ecusson ordinairement d'un rouge cuivreux. Elytres d'un vert mi-doré ; un peu élargies jusqu'aux trois cinquièmes ; ruguleuses. Dessous du corps et pieds d'un vert doré ou d'un cuivreux doré. Tarses d'un vert bleuâtre.*

♂ Dernier arceau ventral entaillé jusqu'à la moitié de sa longueur.

♀ Dernier arceau ventral entier ou à peu près.

*Lytta sericea,* WALTL, Reise (1835), 2e part p. 76. — *Id. in* Revue entomol. de Silberm. t. 4, p. 155.

*Lytta herbivora* (RAMBUR) (DEJEAN), Catal. 1837, p. 246.

Long. 0,0112 à 0,0157 (5 à 7). Larg. 0,0033 à 0,0050 (1 1/2 à 2 1/5) à la base des élytres ; 0,0050 à 0,0067 (2 1/4 à 3) vers les trois cinquièmes des élytres.

*Corps* suballongé ; très médiocrement convexe ; hérissé en

dessus d'un duvet court et flavescent. *Tête* d'un vert mi-doré, souvent en partie d'un cuivreux mi-doré ou d'un vert cuivreux ; marquée de points assez gros et contigus ; creusée d'un sillon sur le milieu de la partie postérieure du vertex. *Yeux* entiers ou à peu près. *Antennes* prolongées jusqu'au cinquième ou au quart des élytres ; filiformes ; noires, avec les 1er et 2e articles d'un vert mi-doré : les 3e à 10e articles cylindriques, à peu près égaux, de deux tiers à une fois plus longs que larges. *Prothorax* élargi en ligne peu courbe depuis les côtés du cou jusqu'aux trois cinquièmes de sa longueur, subparallèle ou plutôt faiblement rétréci ensuite et ordinairement d'une manière subsinuée près des angles postérieurs ; tronqué et peu sensiblement rebordé à la base ; marqué, comme la tête, de points assez gros et contigus ; sans traces de ligne médiane ; d'un cinquième environ plus long sur son milieu que large à la base. *Ecusson* en triangle arrondi à son extrémité et à côtés subsinués ; d'un vert cuivreux ou d'un rouge de cuivre mi-doré. *Elytres* élargies jusqu'aux trois cinquièmes ; arrondies postérieurement, prises ensemble, avec l'angle sutural subarrondi ; ruguleuses ; d'un vert mi-doré. *Dessous du corps* garni d'un duvet blanc ; ordinairement d'un vert cuivreux ou d'un cuivreux doré sur la poitrine, d'un vert doré ou cuivreux sur le ventre. *Pieds* d'un vert mi-doré, avec les tibias et surtout les tarses moins clairs, d'un vert bleuâtre obscur. Premier article des tarses postérieurs un peu moins long que les deux suivants réunis.

Patrie : Les provinces méridionales de l'Espagne.

Obs. Les yeux paraissent tantôt à peu près entiers, tantôt ils offrent à peine une très légère échancrure.

Cette espèce, par ses yeux entiers ou à peu près, par ses élytres un peu élargies d'avant en arrière, semble se lier à quelques-uns des insectes du rameau précédent, et servir ainsi de transition à ceux auxquels elle se rattache par ses ongles ni pectinés, ni dentés.

M. Rosenhauer, dans sa Faune de l'Andalousie (1), p. 232, en mentionnant la *Lytta sericea*, WALTL, ajoute : Décrite en 1836, par M. Waltl, sous le nom précité ; en 1840, par M. de Castelnau, et en 1849, par M. Lucas, sous celui de *scutellata*. Elle a été appelée *herbivora*, par M. Rambur. M. Rosenhauer n'a vraisemblablement pas eu sous les yeux la *Cantharis scutellata* de M. de Castelnau, qui est bien certainement l'espèce suivante, distincte de celle qui nous occupe.

Quant à la *Lytta sericea* de M. Waltl, dont voici la description : *Sublus aureo et rubro viridis, nitida, supra aureo-viridis, thorace elongato, subcylindrico, profunde punctato, elytris rugosis, pilis albis brevibus tectis* (2), vraisemblablement elle est identique avec la *Cantharis herbivora* (RAMBUR).

## 2. **L. scutellata** ; DE CASTELNAU.

*Pubescent ; ordinairement d'un vert mi-doré, parfois d'un vert bleu ou d'un bleu vert en dessus. Antennes noires, à base verte. Tête et prothorax marqués de points presque contigus : l'un et l'autre sans ligne médiane : le prothorax élargi jusqu'aux deux cinquièmes ou un peu plus, puis faiblement rétréci et subsinué : d'un cinquième plus long que large ; sans rebord basilaire. Ecusson doré, creusé d'une fossette près de son extrémité. Elytres à peine plus larges vers les trois cinquièmes de leur longueur. Tarses ordinairement noirs.*

♂ Dernier arceau ventral entaillé jusqu'à la moitié de sa longueur ; déprimé dans cette entaille.

♀ Inconnue.

*Cantharis scutellata,* DE CASTELN. Hist. nat. t. 2, p. 275. 9. — LUCAS, Explor. sc. de l'Algér. p. 394. 1024, pl. 34, fig. 5 ; et fig. 5, a, à 5, f (détails).

Long. 0,0100 à 0,0135 (4 1/2 à 6). Larg. 0,0024 à 0,0033 (1 1/8 à 1 1/2).

*Corps* allongé ; subparallèle ; brièvement hérissé en dessus de poils cendrés ; ordinairement d'un vert mi-doré en dessus, avec les côtés des tempes et le repli du prothorax d'un vert doré ou d'un doré verdâtre, et l'écusson doré, mais souvent

---

(1) Die Thiere Andalusiens, *Erlangen,* 1856, in-8.

(2) WALTL, Reise (1835), p. 76. — Revue entomol. de Silbermann, t. 4, p. 155.

en partie au moins d'un vert bleu ou d'un bleu verdâtre, surtout sur la tête et sur le prothorax. *Tête* marquée de points presque contigus, séparés par des intervalles étroits et presque réticuleux ; souvent notée de deux petites fossettes transversalement situées un peu au-dessus de l'origine de chaque antenne et plus en dedans. *Palpes* et *antennes* noirs ou d'un noir brun : ces dernières prolongées jusqu'aux deux cinquièmes ou trois septièmes de la longueur des élytres ; filiformes ou grossissant à peine vers l'extrémité ; à $3^e$ article variablement un peu plus ou un peu moins grand que le suivant : les $5^e$ à $10^e$ subcylindriques, une fois plus longs que larges : le $11^e$, le plus grand : les $1^{er}$ et $2^e$ réunis, à peine aussi grands ou plus grands que le $3^e$. *Yeux* échancrés. *Prothorax* élargi en ligne presque droite jusqu'aux deux cinquièmes ou trois septièmes de sa longueur, offrant dans ce point sa plus grande largeur, à peine ou faiblement rétréci ensuite et d'une manière subsinuée ; tronqué ou parfois subsinué dans son milieu et sans rebord bien marqué, à la base ; d'un cinquième moins large à celle-ci qu'il est long sur son milieu ; médiocrement convexe ; marqué de points analogues à ceux de la tête, mais légèrement plus gros ; sans ligne longitudinale médiane ou n'offrant que les traces d'une ligne lisse ou d'une fine raie vers la moitié de sa longueur. *Ecusson* rétréci d'avant en arrière ; arrondi postérieurement ; doré ; ponctué ; ordinairement creusé d'une fossette près de son extrémité, qui paraît un peu relevée en rebord. *Elytres* subparallèles, faiblement et graduellement un peu plus larges vers les trois cinquièmes de leur longueur ; postérieurement en ligne courbe jusque vers l'angle sutural ; peu arrondies à cet angle et un peu déhiscentes sur le huitième ou dixième postérieur de la suture ; ruguleuses ou ruguleusement granuleuses. *Dessous du corps* et *pieds* garnis de poils fins, cendrés ou blanchâtres : le premier, tantôt d'un vert mi-doré ou doré,

tantôt en partie au moins doré ou d'un doré verdâtre : les
seconds, d'un vert mi-doré ou vert bleuâtre sur les cuisses,
d'un vert bronzé sur les tibias ; bruns ou noirâtres sur les
tarses. 1ᵉʳ article de tous les tarses presque aussi long que
tous les suivants réunis.

Patrie : L'Algérie.

Obs. Nous n'avons eu sous les yeux que des exemplaires ♂.


Genre *Cantharis*, Cantharide ; Geoffroy. (1).


Caractères. *Eperon externe des tibias postérieurs* épais ;
obliquement tronqué à son extrémité ; notablement moins
court ou plus long que l'interne : celui-ci grêle et pointu.
Antennes grossissant plus ou moins sensiblement vers l'extrémité ; à 3ᵉ article à peine plus grand que le suivant. Elytres
moins arrondies à l'angle sutural qu'à leur partie postéro-
externe. Prothorax moins long que large ; élargi depuis les
côtés du cou jusqu'au tiers ou aux deux cinquièmes de sa
longueur, où il offre sa plus grande largeur, plus ou moins
notablement rétréci ensuite jusqu'à la base. Ongles non dentés (2).

A. Cuisses postérieures plus grosses et arquées à leur bord antérieur. Prothorax
assez faiblement rétréci sur les côtés, depuis le tiers ou les deux cinquièmes de sa
longueur (où il offre sa plus grande largeur) jusqu'à la base. (s. g. *Cabalia*.)


**1. C. Perroudi.**

*Dessus du corps hérissé d'un duvet cendré blanchâtre, court; variant du
vert mi-doré au violet. Tête et prothorax marqués de points assez gros et*

---

(1) Geoffroy, Hist. abrég. des insect. t 1, p. 339.
(2) Voy. Mulsant, Hist. nat. des Coléopt. (*Vésicants*), p. 155.

*médiocrement rapprochés : la première sans traces de ligne médiane. An-
tennes noires, à 1er article vert : 4e à 10e articles un peu ou à peine plus
longs que larges. Prothorax élargi jusqu'aux deux cinquièmes, subparallèle
ensuite ; tronqué et étroitement rebordé à la base ; moins long que large ;
ordinairement marqué d'une fossette médiane des deux aux quatre cinquièmes de sa longueur. Ecusson large ; rayé d'une ligne médiane. Elytres
de trois cinquièmes plus longues que larges, réunies ; peu convexes sur le
dos. Tarses obscurs : 1er article des postérieurs aussi long que les deux
suivants réunis.*

Long. 0,0090 à 0,0112 (4 à 5). Larg. 0,0033 à 0,0030 (1 1,2 à 1 3/4).

*Corps* suballongé ; brièvement hérissé de poils en dessus.
*Tête* ruguleusement ponctuée ; d'un vert doré ; garnie de poils
blanchâtres ; sans traces de ligne médiane. *Suture frontale*
arquée en arrière. *Palpes maxillaires* noirs ou violâtres. *Antennes* prolongées jusqu'au quart environ de la longueur des
élytres ; filiformes ou grossissant faiblement vers l'extrémité ;
à 1er article aussi long que le 3e : celui-ci visiblement plus
long que le suivant, d'un tiers ou de moitié plus long que
large : les 4e à 10e faiblement plus longs que larges : les 8e à
10e quelquefois à peine aussi longs que larges : le 11e à peine
aussi long que le 1er. *Yeux* subarrondis, brièvement échancrés.
*Prothorax* élargi en ligne courbe depuis les côtés du cou jusqu'au tiers ou aux deux cinquièmes de sa longueur, subparallèle ensuite ; tronqué ou à peine arqué en arrière et muni
d'un rebord très étroit à la base ; d'un cinquième environ
moins long qu'il est large ; convexe ; marqué de points et
hérissé de poils blanchâtres, à peu près comme la tête ; vert
mi-doré, avec les côtés d'un doré cuivreux ; habituellement
creusé d'une fossette ou d'un sillon court, depuis les deux
cinquièmes jusqu'aux quatre cinquièmes environ de la ligne
médiane : cette fossette parfois obsolète. *Ecusson* plus large
que long ; arrondi postérieurement ; rugueusement ponctué ;
vert mi-doré ; rayé d'une ligne longitudinale médiane non

prolongée jusqu'à l'extrémité. *Elytres* graduellement un peu élargies jusqu'aux deux tiers ou trois quarts de leur longueur; obtusément arrondies à l'extrémité (prises ensemble); émoussées à l'angle sutural; peu ou très médiocrement convexes; de trois cinquièmes plus longues qu'elles sont larges, prises ensemble dans leur milieu; rugueuses ou rugueusement ponctuées; hérissées de poils d'un blanc cendré, peu épais, assez courts, peu apparents; à fossettes humérales peu marquées; d'un vert mi-doré. *Dessous du corps* garni de poils cendrés, assez clair-semés; ordinairement d'un cuivreux doré; pointillé. *Pieds* d'un vert cuivreux: tibias verts ou d'un vert bleuâtre: tarses d'un vert noirâtre. 1er article des tarses intermédiaires presque aussi long que les deux suivants réunis: le 1er des postérieurs aussi long que les deux suivants réunis.

Patrie : L'Algérie (collect. Perroud).

Obs. Nous en avons vu dans la belle collection de M. Reiche un exemplaire dont le corps, au lieu d'être vert mi-doré en dessus et doré cuivreux en dessous, a la tête et le prothorax d'un vert bleuâtre, les élytres bleues ou d'un bleu violâtre, et le dessous du corps violet.

Elle a beaucoup d'analogie avec la *C. segetum*, et elle s'en distingue par d'assez faibles caractères. Elle a le corps proportionnellement plus court et moins large, moins convexe; l'écusson rayé d'une ligne longitudinale; les élytres de trois cinquièmes seulement plus longues que larges, réunies.

Faudrait-il rapporter à cette espèce la *C. Bassii?* de M. de Castelnau, dont voici la description : *Pubescent, d'un vert à reflet bleu; antennes noires, à l'exception de la base; tête et corselet couverts d'une granulation égale et serrée; élytres finement granuleuses; dessous du corps et pattes d'une belle couleur dorée.* De Casteln. Hist. nat. t. 2, p. 272. 8.

## 2. **C. segetum** ; Fabricius.

*Parallèle. Dessus du corps hérissé d'un duvet cendré, très court; variant du vert mi-doré au bleu, au violet ou au noir violet. Tête et prothorax marqués de points assez gros et rapprochés : la première sans traces de ligne médiane. Antennes noires; à 1er article vert; 4e à 10e articles un peu plus longs que larges. Prothorax élargi jusqu'aux deux cinquièmes, parallèle ensuite; tronqué et étroitement rebordé à la base; moins long que large; ordinairement marqué d'une fossette vers la moitié de la ligne médiane. Ecusson plus large que long; sans fossette ni sillon. Elytres une fois au moins plus longues que larges réunies; presque semi-cylindriques. Tarses noirâtres : le 1er article des postérieurs un peu moins long que les deux suivants réunis.*

♂ Dernier arceau ventral entaillé jusqu'à la moitié de sa longueur.

♀ Dernier arceau ventral entier ou à peine échancré.

*Lytta segetum*, Fabr. Entom. Syst. t. 1. 2, p. 84. 2. — *Id.* Syst. Eleuth. t. 2, p. 76. 2. — Coqueb. Illustr. Insect. t. 3, p. 151, pl. 30, fig. 3. — Schoenh. Syn. ins. t. 3, p. 22. 2.

*Cantharis segetum*, J.-B. Fischer, Tentam. Conspect. Cantharid. p. 15. 3. — De Casteln. Hist. nat. t. 2, p. 272. 6. — Lucas, Explor. scient. de l'Algér. p. 593. 1032, pl. 34. fig. 3.

Long. 0,0090 à 0,0112 (4 à 5). Larg. 0,0028 à 0,0033 (1 1/4 à 1 1/2).

*Corps* allongé; parallèle; brièvement hérissé en dessus de poils cendrés; souvent d'un vert doré sur la tête et sur le prothorax et d'un vert mi-doré sur les élytres, mais offrant parfois toutes les teintes diverses entre cette couleur et le vert bronzé, le vert bleu, le bleu, le bleu violet ou le violâtre. *Tête* marquée de points assez gros et rapprochés; sans traces de ligne médiane. *Suture frontale* arquée en arrière. *Palpes* ordinairement noirs ou obscurs. *Antennes* peu prolongées après le calus huméral; filiformes, noires; pubescentes; à 1er article aussi long que le 3e : celui-ci visiblement plus long

que le 4ᵉ, de moitié plus long que large : les 4ᵉ à 10ᵉ presque
égaux, d'un cinquième (♂) ou à peine (♀) plus longs que
larges : le 11ᵉ à peine aussi grand ou moins long que le 1ᵉʳ.
*Yeux* subarrondis, brièvement échancrés. *Prothorax* élargi
en ligne courbe depuis les côtés du cou jusqu'aux deux cinquièmes environ de sa longueur, parallèle ensuite ; un peu
arqué en arrière et muni d'un rebord très étroit à la base ;
moins long sur son milieu qu'il est large à cette dernière ;
convexe ; marqué de points ordinairement un peu plus gros
que ceux de la tête ; habituellement creusé d'une fossette ou
d'un sillon depuis les deux cinquièmes jusqu'aux quatre cinquièmes environ de la ligne médiane : cette fossette parfois
obsolète ou peu distincte. *Ecusson* plus large que long ; obtusément arrondi à l'extrémité ; un peu sinué sur les côtés ;
ponctué. *Elytres* subparallèles ; très obtusément arrondies
chacune à l'extrémité, émoussées ou peu arrondies à l'angle
sutural ; une fois ou une fois et un cinquième plus longues
que larges, réunies ; médiocrement convexes ; ruguleuses ou
ruguleusement ponctuées ou granuleuses ; à fossettes humérales peu ou point marquées. *Dessous du corps* garni de poils
cendrés, peu allongés et assez clair-semés ; ordinairement
d'un vert doré ou d'un doré brillant et verdâtre. *Pieds* d'un
vert mi-doré, bleus ou violets : tibias et tarses noirs. Premier
article des tarses intermédiaires de moitié environ plus long
que le suivant : le 1ᵉʳ des postérieurs un peu moins long que
les deux suivants réunis.

Patrie : L'Algérie, la Sicile.

Obs. La couleur du dessus du corps varie. On en trouve
des exemplaires verts, d'un vert bleuâtre, d'un bleu verdâtre,
bleus, d'un bleu violâtre, violets, d'un violet bronzé, bronzés
ou d'un bronzé violâtre ou verdâtre.

*AA.* Cuisses postérieures à peine plus grosses que les autres ; peu ou point arquées à leur bord antérieur. Prothorax notablement rétréci sur les côtés, depuis le tiers ou les deux cinquièmes de sa longueur (où il offre sa plus grande largeur) jusqu'à la base. (s. g. *Cantharis*).

## 1. **C. Pallasii** ; GEBLER.

*Dessus du corps glabre, vert ou vert bleu sur la tête et le prothorax, d'un vert mi-doré ou bleuâtre sur les élytres. Antennes d'un violet foncé. Tête marquée d'une fossette au côté interne des yeux et d'une autre sur le milieu du front ; ornée sur celui-ci d'une tache ponctiforme orangée ; rayée sur sa seconde moitié d'une ligne médiane légère, à peine apparente sur le vertex. Prothorax élargi en ligne fortement sinuée depuis les côtés du cou jusqu'aux deux cinquièmes de sa longueur, rétréci ensuite ; postérieurement muni à sa base d'un rebord presque égal ou graduellement rétréci du milieu aux extrémités. Dessous du corps et pieds variant du bleu violet au vert bleu. Tarses postérieurs dentés.*

♂ Tibias antérieurs armés d'un seul éperon courbé. 1ᵉʳ article des tarses arqué en dessus et échancré en dessous, à la base. 1ᵉʳ article des tarses intermédiaires arqué en dessus et courbé en sens contraire sur toute sa longueur en dessous : le suivant inséré vers le milieu de la longueur du dos du précédent. Articles des tarses postérieurs armés chacun à l'extrémité d'une petite dent courbée, etc.

♀ Tibias antérieurs à deux éperons. 1ᵉʳ article des tarses antérieurs et intermédiaires des tarses, en ligne droite en dessus ; rétréci ou faiblement échancré en dessous à la base : le 2ᵉ article des tarses intermédiaires inséré à l'extrémité du précédent. Articles des tarses postérieurs simplement dentés, etc.

*Meloe caraganae,* PALLAS, Icon. p. 97, pl. E, fig 28.

*Lytta Pallasii* (GEBLER) (STURM), Catal. (1826), p. 166. — GEBLER, Ledebours, Reise, t. 2 (1830), p. 141. 4. — *Id.* Notice, etc. *in* Nouv. Mém. de la Soc. i. des Natur. de Mosc. t. 2 (1852), p. 58.

*Cantharis Pallasii,* J.-B. FISCHER, Tentam. (1827), p. 15. 6.

Long. 0,0135 à 0,0202 (6 à 9). Larg. 0,0036 à 0,0059 (1 1/3 à 2 2/3).

*Corps* glabre en dessus. *Tête* élargie depuis les yeux jusqu'à sa partie postérieure; d'un bleu verdâtre ou d'un vert bleu; parcimonieusement ponctuée; lisse entre les points; notée d'une fossette longitudinale au côté interne de chaque œil et d'une autre ponctiforme entre celles-ci; rayée d'une ligne longitudinale médiaire, légère, prolongée depuis la fossette précitée jusqu'au vertex, ordinairement plus légère sur ce dernier; parée après la fossette du milieu du front d'une tache ponctiforme d'un rouge jaune. *Palpes* d'un bleu violet. *Antennes* prolongées jusqu'aux deux cinquièmes ou un peu plus de la longueur des élytres; grossissant un peu vers l'extrémité; à 3ᵉ article obconique, plus long que le 4ᵉ : les 5ᵉ à 10ᵉ comprimés, élargis en ligne un peu courbe de la base à l'extrémité : les 7ᵉ à 10ᵉ à peine aussi longs ou plus longs que larges : le 11ᵉ à peine aussi long que le 3ᵉ, élargi jusqu'à la moitié, puis rétréci en pointe. *Prothorax* élargi en ligne assez profondément sinuée depuis les côtés du cou jusqu'aux deux cinquièmes de sa longueur; offrant en dedans de l'angle qu'il forme vers ce point une sorte de gouttière verticale qui rend cet angle avancé, assez fortement rétréci ensuite jusqu'à la base; d'un quart ou d'un tiers moins large à celle-ci que vers les deux cinquièmes de sa longueur; relevé à la base en rebord presque uniforme ou faiblement plus développé longitudinalement dans son milieu; rayé d'un sillon transversal au devant de ce rebord; très peu convexe; presque lisse; parcimonieusement pointillé; rayé d'une ligne longitudinale médiaire assez légère; d'un vert bleu ou d'un bleu vert métallique. *Elytres* obtusément arrondies chacune à l'extrémité; rugueusement ponctuées; munies d'un rebord sutural et chargées de deux faibles nervures; d'un vert mi-doré. *Dessous du corps* garni de poils fins, courts et peu apparents; d'un vert bleu, d'un bleu vert ou d'un bleu violacé. *Pieds* d'un bleu violet. *Tarses* postérieurs dentés.

Patrie : La Sibérie, les Steppes des Kirghis, etc.

Obs. Elle est facile à distinguer de la *C. vesicatoria* par la légèreté de la ligne médiane sur le vertex ; par les sinuosités voisines de la partie anguleuse du prothorax ; par les tarses postérieurs dentés, etc.

### 4. **C. vesicatoria** ; Linné.

*Glabre en dessus. Entièrement d'un vert mi-doré ou d'un vert bleu ou bleuâtre, avec les huit derniers articles des antennes et les tarses d'un noir violâtre. Tête rayée d'un sillon longitudinal profond, depuis le front jusqu'à la partie postérieure du vertex. Prothorax plus large que long ; élargi en ligne droite depuis les côtés du cou jusqu'aux deux cinquièmes de sa longueur où il offre des angles saillants et un peu relevés ; rétréci ensuite en ligne droite ; peu convexe ; un peu inégal ; rayé d'une ligne médiane approfondie postérieurement ; échancré à la base et relevé en un rebord plus développé longitudinalement dans son milieu. Tarses postérieurs non dentés.*

*Meloe vesicatorius*, Linn. Sys. Nat. t. 1, p. 679. 3, etc. Voy. Mulsant, Hist. nat. des Coléopt. de France (*Vésicants*), p. 155.

### 5. **C. phalerata** (Friwaldsky), Waltl.

*Dessus du corps hérissé de poils longs et peu épais. Tête et prothorax d'un vert mi-doré ; rugueusement ponctués : la première sans ligne médiane apparente : le second élargi depuis les côtés du cou jusqu'au tiers de sa longueur, médiocrement rétréci ensuite ; muni à sa base d'un rebord presque égal ; rayé d'un sillon longitudinal médian affaibli en devant. Élytres d'un vert bleuâtre ; parées chacune d'une bande longitudinale d'un cuivreux doré, prolongée depuis le calus jusqu'à l'extrémité. Antennes noires. Dessous du corps variant du vert mi-doré au vert bleuâtre. Pieds d'un roux jaune.*

*Lytta phalerata* (Friwaldsky), Waltl, Beytr. z. Kenntn. d. Coleopt. d. Türkey *in* Isis. v. Oken, 1838, p. 467. 106. — Küster, Kaef. Europ. 2. 53.

Long. 0,0123 à 0,0162 (5 1/2 à 7 1/4). Larg. 0,0033 à 0,0050 (1 1/2 à 2 1/4).

*Corps* hérissé en dessus de poils roussâtres ou obscurs,

.peu épais, plus longs et moins clair-semés sur la tête et sur le prothorax que sur les élytres. *Tête* d'un vert mi-doré avec les tempes ordinairement d'un doré cuivreux; rugueusement ponctuée; marquée d'une petite fossette sur le milieu du front; sans traces de ligne longitudinale médiane. *Palpes* d'un roux jaune. *Antennes* prolongées jusqu'à la moitié des élytres (♂) ou un peu moins (♀); noires; filiformes ou grossissant à peine vers l'extrémité; à articles 3ᵉ à 10ᵉ notablement plus longs que larges, presque d'égale grosseur (♂) ou à peine élargis de la base à l'extrémité (♀): le 3ᵉ un peu moins long que le 4ᵉ: le 11ᵉ, le plus long, rétréci en pointe à son extrémité. *Prothorax* arqué en devant, c'est-à-dire élargi en ligne un peu courbe depuis les côtés du cou jusqu'au tiers de sa longueur, subarrondi et non relevé dans ce point, médiocrement rétréci ensuite en ligne presque droite jusqu'à la base; un peu moins long qu'il est large à cette dernière; relevé à celle-ci en rebord presque égal ou à peine plus développé longitudinalement dans son milieu; peu convexe; rugueusement ponctué; d'un vert mi-doré; rayé longitudinalement sur son milieu d'un sillon généralement léger en devant et plus profond en se rapprochant du rebord basilaire. *Écusson* en triangle obtus ou presque en demi-cercle; d'un vert mi-doré. *Élytres* arrondies chacune à l'extrémité; médiocrement convexes; rugueuses ou rugueusement ponctuées; ordinairement d'un vert bleu ou bleuâtre sur leur moitié interne, d'un vert mi-doré ou moins bleuâtre près du bord externe; parées chacune d'une bande longitudinale d'un doré cuivreux ou d'un cuivreux mi-doré, naissant de la base, passant sur le calus et prolongée, en s'élargissant, jusqu'à l'extrémité. *Dessous du corps* garni de longs poils blancs ou d'un blanc cendré; vert ou d'un vert bleu sur la poitrine, d'un vert mi-doré sur le ventre. *Pieds* d'un roux jaune ou d'un flave orangé, avec les genoux et souvent l'extrémité des tibias obscurs. 1<sup>er</sup> article des tarses postérieurs d'un quart ou d'un tiers plus long que le suivant.

PATRIE : La Turquie.

### 6. **C. flavipes**.

*Corps allongé ; parallèle ; hérissé en dessus de poils longs et clair-semés, en partie d'un blanc cendré ; d'un vert mi-doré en dessus. Antennes noires ; à 3ᵉ article moins long que le 4ᵉ. Yeux échancrés. Tête et prothorax marqués de points peu rapprochés, ruguleux entre ces points : la tête sillonnée sur le milieu de la partie postérieure du vertex : le prothorax plus large que long ; élargi depuis les côtés du cou jusqu'aux deux cinquièmes ; rétréci ensuite ; relevé en rebord à la base ; rayé d'une ligne médiane terminée par une fossette triangulaire. Dessous du corps vert ou doré cuivreux. Pieds d'un roux flave : trochanters et genoux noirs.*

♂ Dernier arceau du ventre entaillé au moins jusqu'à la moitié de sa longueur, avec les angles de cette entaille terminés par un faisceau de longs poils presque collés. Tibias intermédiaires échancrés en dessous vers leur extrémité sur le quart au moins de leur longueur ; armés d'une forte épine à chacune des extrémités de cette échancrure. Trois ou quatre premiers articles des tarses intermédiaires étroits à la base, puis brusquement dilatés, comprimés et garnis de poils en dessous. *Métasternum* chargé en devant, près de la base des cuisses intermédiaires, de deux tubercules hérissés d'une houpe de poils noirs.

♀ Inconnue.

*Lytta flavipes* (KINDERMANN).

Long. 0,0100 à 0,0157 (4 1/2 à 7). Larg. 0,0033 à 0,0048 (1 1/2 à 2 1 8)

*Corps* allongé ; subparallèle ; assez faiblement convexe ; hérissé en dessus de longs poils clair-semés, surtout sur les élytres, en partie d'un blanc cendré, en partie obscurs ; d'un vert mi-doré en dessus. *Tête* marquée de points peu ou médiocrement rapprochés; ruguleuse entre les points; ordinairement marquée d'une fossette ronde, ponctiforme, sur le milieu du front; rayée depuis la partie postérieure de celui-ci d'une ligne médiane légère, ordinairement transformée en sillon sur la partie postérieure du vertex : épistome et labre parfois obscurs ou noirs. *Palpes* d'un roux flave. *Yeux* échancrés; un peu moins larges dans le milieu de leur côté interne que près de celui-ci. *Antennes* prolongées jusqu'aux deux cinquièmes au moins de la longueur des élytres ($\sigma$); noires ou d'un noir violâtre; filiformes ou grossissant à peine vers l'extrémité; à 3e article un peu moins long que le 4e : les 4e à 10e presque cylindriques et deux fois environ plus longs que larges : les 9e et 10e au moins aussi longs ou plus longs que le 4e : le 11e, le plus long. *Prothorax* élargi en ligne presque droite depuis les côtés du cou jusqu'au tiers ou aux deux cinquièmes, plus large et un peu obtusément anguleux dans ce point, sensiblement rétréci ensuite d'une manière subsinuée; tronqué ou plutôt un peu entaillé en angle très ouvert dans son milieu, à la base; relevé à celle-ci en un rebord un peu élargi dans son milieu; transversalement sillonné au devant de ce rebord; à peine aussi long qu'il est large à la base; sensiblement moins long qu'il est large vers le tiers ou les deux cinquièmes de sa longueur; ponctué à peu près comme la tête; rayé d'une ligne longitudinale médiane, obsolète en devant, et en général un peu triangulairement élargie postérieurement; d'un vert mi-doré. *Ecusson* en triangle arrondi à l'extrémité et à côtés sinués; ponctué et un peu relevé postérieurement; vert mi-doré. *Elytres* subparallèles; arrondies chacune à l'extrémité; d'un vert mi-doré; ruguleuses ou ruguleusement ponctuées ou granuleuses. *Dessous du corps* garni de poils assez longs, soyeux, d'un blanc sale; tantôt d'un vert doré sur la poitrine et doré sur le ventre, tantôt d'un bleu vert ou d'un vert bleuâtre sur la poitrine et vert doré sur le ventre. *Mesosternum* chargé, au moins chez les ♂, de deux tubercules hérissés chacun de poils noirs. *Pieds* d'un roux flave, avec les trochanters et les genoux ou du moins la rotule, noirs. *Tibias* postérieurs grêles et sensiblement dilatés à leur extrémité (au moins chez les ♂) : 1ᵉʳ article des tarses postérieurs faiblement plus long que le suivant.

PATRIE : ? (collect. Godart).

### 7. **C. clematidis** ; PALLAS.

*Allongé. Tête, prothorax, dessous du corps, cuisses et tibias d'un vert bleu, luisant. Elytres d'un flave testacé ; pubescentes. Antennes noires. Tête et prothorax marqués de points médiocrement rapprochés et garnis de poils d'un blanc cendré : la première rayée depuis la partie postérieure du front jusqu'à celle du vertex d'un sillon assez profond : le second élargi depuis les côtés du cou jusqu'aux deux cinquièmes ; rétréci ensuite en ligne un peu courbe ; moins long que large dans son diamètre transversal le plus grand ; sillonné postérieurement sur la ligne médiane.*

*Meloe algirica ?* PALLAS, Reise, t. 2. Append. p. 720. 51. — *Id.* Trad. fr. de Gauthier de la Peyronie, t. 3 (1793), p. 472. 51?

*Meloe clematidis,* PALLAS, Icon. p. 95, pl. E, fig. 25. — GOEZE, Entom. Beytr. t. 1, p. 701. 3.

*Lytta clematidis,* GEMEL, C. LINN. Syst. nat. t. 1, p. 2015. 16. — SCHOENH. Syn. ins. t. 3, p. 22. 4.

*Cantharis clematidis,* OLIV. Encycl. méth. t. 5, p. 280. 19. — J.-B. FISCHER, Tentam. Consp. Canthar. p. 16. 15.

*Lytta Fischeri* (GEBLER), FISCHER DE WALDH. Entomogr. de Russ. t. 2, p. 230, pl. 43, fig. 4 et 5.

Long. 0,0090 à 0,0112 (4 à 5). Larg. 0,0022 à 0,0024 (1 à 1 1/8).

*Corps* allongé. *Tête* d'un bleu vert luisant ou semi-brillant ; marquée de points médiocrement rapprochés, donnant chacun naissance à un poil cendré ; lisse entre les points ; rayée depuis la partie postérieure du front jusqu'à celle du vertex d'un sillon médiaire assez profond. *Suture frontale* en angle ou en arc dirigé en arrière. *Epistome* et *labre* d'un brun noir. *Palpes* bruns, en partie d'un roux testacé. *Yeux* faiblement échancrés. *Antennes* prolongées jusqu'au quart ou au tiers des élytres; grossissant sensiblement vers l'extrémité; noires; à 3ᵉ article faiblement plus gros que le suivant: les 4ᵉ à 10ᵒ plus longs que larges, obconiques, graduellement un peu plus grands: le 11ᵉ égal environ au 1ᵉʳ. *Prothorax* élargi en ligne courbe depuis les côtés du cou jusqu'aux deux cinquièmes ou trois septièmes de sa longueur, sensiblement rétréci ensuite en ligne un peu courbe; tronqué et relevé à la base en un rebord moins étroit dans son milieu qu'aux extrémités; à peine aussi long qu'il est large à la base, sensiblement moins long qu'il est large dans son diamètre transversal le plus grand; d'un bleu vert; ponctué et garni de poils comme la tête; rayé d'une ligne longitudinale médiane, ordinairement plus marquée ou légère en devant, transformée dans sa seconde moitié en un sillon graduellement plus profond jusqu'au rebord basilaire. *Ecusson* d'un bleu vert. *Elytres* d'un flave testacé; ruguleusement et faiblement ponctuées; garnies de poils concolores, mi-couchés, assez courts; chargées de deux ou trois faibles nervures longitudinales dont l'intermédiaire, naissant de la fossette humérale, plus apparente. *Dessous du corps* d'un vert bleu luisant; garni de poils cendrés. *Pieds* garnis de poils semblables; d'un vert bleuâtre sur les cuisses, d'un vert noirâtre sur les tibias, bruns ou d'un brun fauve sur les tarses: éperon externe des tibias postérieurs épais: 1ᵉʳ article des tarses antérieurs et intermédiaires de moitié à peine plus long que le suivant: le 1ᵉʳ des postérieurs un peu moins long que les deux suivants réunis.

Patrie : La Russie méridionale.

Obs. La *Lytta bivittis*, Pallas, icon. pl. E fig. 21, est indiquée par Fischer (entom. de Russ. t. 2 p. 231 pl. 43

fig. 6 et 7) comme étant la ♀ de la *C. Clematidis;* n'en ayant eu aucun exemplaire sous les yeux, nous ne pouvons dire à quel titre elle diffère de cette dernière.

## Genre *Epicauta*, Epicaute ; (Dejean), L. Redtenbacher (1).

( ἐπί, καυτός, brûlé en dessus).

Caractères. *Eperon externe* des tarses postérieurs ordinairement plus court; à peu près aussi grêle que l'autre; terminé en pointe rarement obtuse. *Antennes* en général graduellement plus minces vers l'extrémité, parfois filiformes ou même un peu sensiblement plus grosses vers l'extrémité, chez quelques ♀, mais alors 3ᵉ article presque égal aux deux suivants réunis : ce 3ᵉ article toujours sensiblement plus long que le suivant. *Prothorax* élargi depuis les côtés du cou jusqu'aux deux cinquièmes environ de sa longueur, parallèle ensuite. *Elytres* généralement un peu élargies d'avant en arrière; plus arrondies ou plus longuement en ligne courbe à l'angle sutural qu'à la partie postéro-externe; convexement déclives sur les côtés. *Ongles* non dentés.

*A*. Eperon externe des tibias postérieurs plus court que l'interne. Antennes graduellement plus minces vers l'extrémité (♂♀), au moins à partir du 5ᵉ ou 6ᵉ article. (S. G. *Epicauta*).

*B*. Antennes flabellées dans les ♂.

### 1. E. sibirica ; Pallas.

*Noir ; garni de poils noirs, avec la tête d'un rouge testacé depuis la suture frontale jusqu'à sa partie postérieure. La tête rayée d'une ligne médiane prolongée depuis la partie postérieure du front jusqu'à celle du vertex. Antennes sétacées (♀); comprimées, flabellées et élargies dans leur*

---

(1) Dejean, Catal. (1833), p. 224. — *Id.* Catal. (1837), p. 246. — L. Redtenb. Die Gattung. d. Deutsch. Kaef. Faun. p. 133. — *Id.* Faun. Austr. p. 621. — E. Mulsant, Hist. nat. des Coléopt. de Fr. *(Vésicants)*, p. 161.

*milieu (♂); à 3ᵉ article au moins aussi grand que le suivant. Prothorax élargi jusqu'au tiers, subparallèle ensuite; moins long que large; rayé d'une ligne médiane postérieurement plus profonde. Rebord marginal des élytres garni d'un duvet cendré.*

♂ Antennes prolongées jusqu'à la moitié ou un peu moins de la longueur des élytres; garnies en dessus d'un duvet cendré peu serré, glabres en dessous; comprimées à partir du 3ᵉ article : le 3ᵉ obtriangulaire et, ainsi que les suivants, obliquement tronqué à son extrémité et dilaté en forme de dent au côté externe de celle-ci : les 3ᵉ à 9ᵉ ou 10ᵉ comme flabellés : les 3ᵉ à 8ᵉ moins longs que larges : les 4ᵉ à 6ᵉ presque également larges, une fois plus larges que longs : le 7ᵉ à peine plus large : les suivants graduellement rétrécis : le 5ᵉ obtriangulaire, à peine aussi long que large : le 10ᵉ une fois plus long que large : le 11ᵉ trois fois à trois fois et demie plus long que large : les 4ᵉ à 9ᵉ un peu échancrés ou arqués en arrière à leur bord antérieur, c'est-à-dire offrant leur dent un peu avancée du côté de l'extrémité : les 3ᵉ à 9ᵉ creusés en dessous d'un sillon transverse. Tête chargée au dessus de la base des antennes d'un espace lisse, luisant, un peu bombé, ovalaire ou suborbiculaire, couvrant depuis les yeux jusqu'à la ligne médiane ou à peu près. Tibias antérieurs obliquement écointés à l'extrémité de leur tranche inférieure. Éperons desdits tibias dépassant à peine celle de ces derniers. 1ᵉʳ article des tarses antérieurs à peine arqué en dessus à la base, échancré en dessous dans sa moitié basilaire et dilaté dans la postérieure. 1ᵉʳ article des tarses intermédiaires régulier. Dernier arceau du ventre fortement entaillé.

♀ Antennes prolongées environ jusqu'aux deux cinquièmes de la longueur des élytres; garnies d'un duvet concolore; subcomprimées; sétacées; graduellement rétrécies à partir du 3ᵉ article jusqu'à l'extrémité : à articles 3ᵉ à 9ᵉ faiblement élargis de la base à l'extrémité, sensiblement dentés : le 3ᵃ à peine aussi long que le 1ᵉʳ, d'un quart plus long que le 4ᵉ, ordinairement au moins aussi long que le 10ᵉ : les 3ᵉ à 11ᵉ plus longs que larges : les 4ᵉ et 5ᵉ au moins aussi grands ou plus grands chacun que chacun des quatre suivants : le 4ᵉ un peu plus grand que le 5ᵉ : le 10ᵉ sublinéaire, près de trois fois aussi long que large : le 11ᵉ linéaire, trois ou quatre fois aussi long que large. Tête chargée au dessus de la base des antennes d'une partie lisse et luisante, lunulée, échancrée du côté de l'œil, arquée du côté de la ligne médiane, couvrant à peine la moitié de l'espace compris entre celle-ci et chaque œil. Eperons des tibias antérieurs dépassant au moins du tiers de leur longueur l'extrémité desdits tibias. 1ᵉʳ article des tarses antérieurs régulièrement élargi de la base à l'extrémité. Dernier arceau du ventre peu profondément échancré.

*Meloe sibirica,* Pallas, Reise, t. 2. Append. p. 720. 50. — *Id.* Trad. fr. par Gauthier de la Peyronie, t. 3, p. 472. 30. — Goeze, Entom. Beytr. t. 1, p. 704. 14.

*Meloe pectinatus,* Lepech. Tageb. d. Reis. durch verschied. Provinzien des russ. Reichs, trad. de Hase, t. 2, p. 200, pl. 11, fig. 26. — Goeze, Ent. Beytr. t. 1, p. 701. 2.

*Meloe erythrocephala,* Icon. p. 97. 29, pl. E, fig. 29, a (♂); fig. 29, b (♀).

*Lytta sibirica,* Gmel, C. Linn. Syst. nat. t. 1, p. 2015. 18. — Schoenh. Syn. ins. t. 3, p. 2015. 18. — Gebler, Notice sur les Coléopt. etc. *in* Nouv. Mém. de la Soc. imp. des Natur. de Mosc. t. 2 (1832), p. 58.

*Lytta pectinata,* Gmel, C. Linn. Syst. nat. t. 1, p. 2016. 21.

*Lytta erythrocephala,* Helwig, dans son édition de Rossi, Faun. étrusc. t. 1, p. 292, note.

*Lytta flabellicornis,* Germar, Reise n. Dalmat. p. 210. 161, pl. 11, fig. 4 (♀); fig. 5, antenne du ♂; fig. 6, patte du ♂.

*Cantharis sibirica,* J.-B. Fischer, Tentam. Consp. Cantharid. p. 21. 54.

*Cantharis dubia,* Fischer de Waldh. Entom. de Russ. t. 2, p. 280, pl. 42, fig. 8 (♀); fig. 9 (♂).

*Epicauta flabellicornis* (Dejean), Catal. (1833), p. 225. — *Id.* (1837), p. 247.

*Lytta depressicornis* (Sturm), (Dejean), Catal. 1833, p. 225. — De Casteln. Hist. nat. t. 2 p. 274. 14.

Long. 0,0123 à 0,0200 (5 1,2 à 9¹). Larg. 0,0028 à 0,0045 (1 1/4 à 2).

*Corps* noir; garni de poils courts, de même couleur, mi-hérissés sur la tête et sur le prothorax. *Tête* noire sur le labre et sur l'épistome; d'un rouge testacé ou d'un rouge testacé brunâtre sur le reste. *Palpes* et deux ou trois premiers articles des *antennes* souvent en partie d'un rouge ou roux testacé plus ou moins obscur. *Prothorax* élargi en ligne presque droite depuis les côtés du cou jusqu'au quart ou un peu plus de sa longueur, parallèle ensuite; d'un cinquième environ moins long sur son milieu qu'il est large à la base; un peu entaillé en angle très ouvert et rebordé à celle-ci; rayé d'une ligne longitudinale médiane postérieurement élargie. *Elytres* noires; brièvement pubescentes; soyeuses; munies d'un rebord marginal couvert d'un duvet cendré. *Dessous du corps et pieds* noirs : les pieds antérieurs garnis en devant d'un duvet cendré.

Patrie : La Sibérie.

Obs. Cette espèce et la suivante ont été l'objet d'une confusion, qui paraît encore à peine débrouillée. Pallas, après avoir, dans ses Voyages, décrit celle qui nous occupe sous le nom de *Meloe sibirica*, l'a reproduite dans ses *Icones* sous le nom d'*erythrocephala*. Fischer de Waldheim, en lui donnant le nom de *dubia*, paraît l'avoir confondue avec celle que nous nommons ainsi, ou n'avoir pas connu la véritable *dubia* de Fabricius. Sturm, dans son Catalogue (1826), outre les *Lytta flabellicornis* de Germar, et *verticalis* d'Illiger, mentionne la *L. dubia*, Fabr., et l'indique comme se trouvant en Italie. On ne voit pas trop à quel insecte peut se rapporter cette indication, car celui décrit par le professeur de Kiel paraît propre à la Sibérie. Dejean, dans ses Catalogues (1821-1833-1837), ne fait pas mention de la *Lytta dubia* de Fabricius, et sépare la *Lytta flabellicornis* de Germar du *Meloe sibirica* de Pallas, lesquels évidemment se rapportent à la même espèce, comme on en peut juger par les descriptions des deux auteurs :

*Meloe sibirica*, Pallas, Corpus totum atrum, vix nitidum. Caput rubrum, oculis, ore, antennis nigris. Feminis antennae filiformes. In maribus articuli intermedii, plani, antrorsum dente producti, unde antennae medio latiores serratae.

Pallas, Reise, loc. cit.

*Lytta flabellicornis*, Germar, nigra, capite, antennarum basi rufis.

Le mâle a les antennes flabelliformes. La tête et les palpes sont d'un rouge brunâtre : les yeux et le prothorax sont noirs.

Germar, Reise, etc. loc. cit.

M. de Castelnau a augmenté la confusion en donnant à notre *E. sibirica* le nom de *depressicornis* (Sturm).

Fabricius parait n'avoir pas connu l'*E. sibirica* ou l'avoir confondue avec sa *Lytta dubia*. Dans tous les cas, il a contribué puissamment à jeter le désordre dans le catalogue de ces espèces en citant, comme synonymes de cette dernière, le *Meloe algiricus* de Sultzer et la *Cantharis dubia* d'Olivier, qui se rapportent à la *Lytta verticalis* d'Illiger, ainsi qu'on peut le reconnaitre à la bande noire de la ligne médiane du vertex, très distincte sur les figures des insectes données par ces auteurs. Fabricius, dans son Systema Eleutheratorum, cite encore dans les synonymes de sa *Lytta dubia :*

Pallas, Iter (il faut lire Icones), pl. E, fig. 29, qui est la même que le *Meloe sibirica* du zoologiste russe.

La *Lytta dubia* du professeur de Kiel est évidemment différente de l'*Epicauta sibirica*, à en juger par la description :

*Atra, capitis vertice fulvo, thorace elytrisque immaculatis.*

D'après les phrases précitées, l'*E. sibirica* a toute la tête rouge, au moins depuis la suture frontale. Dans l'*E. dubia,* le vertex seul serait de cette couleur.

### 2. **L. dubia** ; FABRICIUS.

*Noir ; garni de poils noirs, avec la partie postérieure de la tête, le milieu du front d'un rouge testacé. Tête rayée d'une ligne médiane depuis la partie postérieure du front jusqu'à celle du vertex. Antennes sétacées (♀), comprimées, flabellées et élargies dans le milieu (♂); à 3ᵉ article un peu moins grand que le suivant. Prothorax élargi jusqu'au tiers, parallèle ensuite; aussi long que large; rayé d'une ligne médiane postérieurement plus profonde. Elytres sans duvet cendré sur leur rebord marginal.*

♂ Antennes prolongées jusqu'à la moitié de la longueur des élytres; garnies en dessus d'un duvet cendré peu épais; glabres en dessous; comprimées à partir du 4ᵉ article : le 3ᵉ obconique, subcomprimé, tronqué en ligne droite à son extrémité, les suivants un peu obliquement : les 4ᵉ à 9ᵉ dilatés en forme de dent au côté externe, comme flabellés : les 4ᵉ à 7ᵉ moins longs que larges, graduellement élargis : le 7ᵉ une fois plus large que long : les 8ᵉ à 10ᵉ graduellement rétrécis : le 8ᵉ notablement plus étroit que le 7ᵉ, obtriangulaire, presque aussi long que large : le 9ᵉ obtriangulaire, un peu plus long que large : le 10ᵉ sublinéaire, deux ou trois fois aussi long que large : le 11ᵉ linéaire, quatre fois environ aussi long que large : les 4ᵉ et 5ᵉ creusés chacun d'un sillon transversal en dessous. Tête chargée au-dessus de la base des antennes d'un espace lisse, luisant, un peu bombé, ovalaire ou suborbiculaire, couvrant depuis les yeux jusqu'à la ligne médiane ou à peu près. Tibias antérieurs obliquement écointés à l'extrémité de leur tranche inférieure. Eperons desdits tibias dépassant à peine l'extrémité de ces derniers. 1ᵉʳ article des tarses antérieurs à peine arqué en dessus à la base, échancré en dessous dans sa moitié basilaire et dilaté dans la postérieure : 1ᵉʳ article des intermédiaires régulier. Dernier arceau du ventre fortement entaillé.

♀ Antennes prolongées environ jusqu'aux deux cinquièmes de la longueur des élytres; garnies d'un duvet concolore; subcomprimées; sétacées ou faiblement et graduellement rétrécies à partir du 3ᵉ article jusqu'à l'extrémité : à articles 3° à 9° à peine élargis de la base à l'extrémité, subdentés : le 3ᵉ un peu plus long que le 1ᵉʳ, d'un tiers au moins plus long que le 4ᵉ, au moins aussi long que le 10ᵉ : les 3ᵉ à 11ᵉ plus longs que larges : les 4ᵉ et 5ᵉ un peu moins longs chacun que chacun des quatre suivants : le 4° à peine aussi long ou un peu moins long que le 5ᵉ : le 10ᵉ deux fois et demie à trois fois plus long que large : le 11ᵉ quatre fois plus long que large, presque de grosseur égale. Tête chargée au-dessus de la base des antennes d'une partie lisse et luisante, lunulée, échancrée du côté de l'œil, arquée du côté de la ligne médiane, couvrant à peine la moitié de l'espace compris entre cette ligne et chaque œil. Eperons des tibias antérieurs dépassant au moins du tiers de leur longueur l'extrémité desdits tibias. 1ᵉʳ article des tarses postérieurs régulièrement un peu élargi de la base à l'extrémité. Dernier arceau du ventre moins profondément entaillé.

*Lylla dubia*, Fabricius, Species insect. t. 1, p. 529. 9. — *Id.* Mant. ins. t. 1, p. 216. 10. — *Id.* Entom. Syst. t. 1. 2, p. 86. 15. — *Id.* Syst. Eleuth. t. 2, p. 80. 23. — Gmel, C. Linn. Syst. natur. t. 1, p. 2015. 10. — Illig. Magoz. t. 3, p. 172. 23. — Schœnh. Syn. ins. t. 3, p. 26. 56.

*Cantharis dubia*, J.-B. Fischer, Tentam. Consp. Cantharid. p. 21. 52. — Duméril, Dic. des sc. nat. t. 6, p. 188. 4?

*Lylla sibirica*, de Casteln. Hist. nat. t. 2, p. 274. 15.

Long. 0,0135 à 0,0192 (6 à 8 1/2). Larg. 0,0028 à 0,0045 (1 1/4 à 2).

*Corps* noir; garni de poils courts, de même couleur, mihérissés sur la tête et sur le prothorax. *Tête* noire en devant, d'un rouge ou roux testacé ou d'un rouge testacé brunâtre en arrière : la partie noire couvrant le labre, l'épistome, et

formant sur le front une tache bilobée en arrière, c'est-à-dire
offrant noirs les deux côtés du front jusqu'à la moitié de l'espace compris entre l'extrémité postérieure des yeux et le
sommet, laissant de couleur rouge testacée toute la partie
postérieure, depuis les yeux et la partie médiaire du front
où elle forme ordinairement une tache en losange ou en fer
de lame. *Palpes* et trois premiers articles des antennes en
partie d'un rouge testacé plus ou moins osbcur. *Prothorax*
élargi depuis les côtés du cou jusqu'au tiers de sa longueur,
parallèle ensuite ; aussi long qu'il est large à la base ; un peu
entaillé en angle très ouvert et rebordé à celui-ci. *Elytres*
entièrement noires, c'est-à-dire sans rebord marginal cendré.
*Dessous du corps* et *pieds* noirs.

Patrie : La Sibérie.

Obs. Elle a beaucoup d'analogie avec l'*E. flabellicornis* et
offre à peu près semblable une partie des caractères distinctifs des ♂. Elle se distingue cependant de celle-ci, non
seulement par sa tète noire entre les yeux et la ligne médiane,
mais encore par son prothorax aussi long qu'il est large à la
base ; par ses élytres sans bordure de poils cendrés sur le
rebord marginal ; par le 4ᵉ article de ses antennes un peu
moins long ou à peine aussi long que le suivant ; par le 3ᵉ
article, chez le ♂, peu comprimé, régulièrement élargi de
la base à l'extrémité, tronqué à peu près en ligne droite à
celle-ci et peu dilaté en forme de dent à son angle externe,
sans sillon en dessous ; par les 4ᵉ à 7ᵉ graduellement élargis ;
par les dents de ces articles dilatées en ligne droite à leur
côté antérieur et non recourbées vers l'extrémité, comme
chez l'*E. flabellicornis.*

L'*E. dubia* a été décrit par Fabricius d'après un exemplaire
provenant de la Sibérie et faisant partie de la collection de
Banks. Cette espèce ne peut donc être rapportée à la *Canth.
dubia* d'Olivier, qui n'habite pas les mêmes contrées.

***BB***. Antennes non flabellées (♂).

***V***. Elytres non parées d'une bande longitudinale, submédiaire, de poils cendrés.

### 3. **E. verticalis**; Illiger.

*Noir ; garni de poils noirs. Tête d'un rouge testacé ; rayée d'un rouge testacé depuis le front jusqu'à sa partie postérieure ; rayée d'une ligne médiane depuis le front jusqu'au vertex ; ornée d'une bande noire sur cette raie. Antennes comprimées, subdentées, à peine moins grêles dans leur milieu. Prothorax élargi en ligne presque droite, depuis les côtés du cou jusqu'aux deux cinquièmes, subparallèle ensuite ; plus long que large ; rayé d'une ligne médiane postérieurement creusée en sillon élargi, et parée d'une ligne de duvet cendré. Elytres à rebord marginal garni d'un duvet pareil.*

*Epicauta verticalis*, Illig. Magaz. t. 3, p. 172. 21. Voyez : Mulsant, Hist. nat. des Coléopt. de Fr. *(Vésicants)*, p.

Patrie : Diverses parties de l'Europe méridionale.

***VV***. Elytres parées chacune d'une bande longitudinale, submédiaire, de poils cendrés.

### 4. **E. late-lineolata** (Motschoulsky).

*Noire. Tête d'un rouge testacé ; rayée d'une ligne longitudinale médiane, depuis la partie postérieure du front jusqu'à celle du vertex ; ornée sur cette ligne d'une bande noire, graduellement rétrécie d'arrière en avant. Prothorax élargi jusqu'aux deux cinquièmes, subparallèle ensuite ; plus long que large ; orné d'une bande longitudinale médiane et d'une étroite bordure basilaire de duvet cendré. Elytres parées chacune dans leur périphérie d'une bordure de duvet cendré prolongée depuis l'angle sutural jusqu'à l'écusson, et d'une bande de duvet pareil, couvrant la base depuis l'écusson jusqu'aux trois cinquièmes, et longitudinalement prolongée jusqu'aux neuf dixièmes.*

♂ 1ᵉʳ article des tarses antérieurs dilaté longitudinalement en arc et garni de poils grossiers à son côté interne ; muni en dessous, ainsi que les trois suivants, d'une brosse de poils destinés à faire l'office de ventouses : les deux premiers articles non sillonnés longitudinalement sur leur milieu. Dernier arceau du ventre faiblement échancré en arc. 4° à 10° articles des antennes obliquement terminés à leur extrémité, offrant au côté externe de celle-ci une sorte d'entaille dans laquelle s'insère l'article suivant.

♀ 1ᵉʳ article des tarses antérieurs non dilaté, garni en dessous, ainsi que les trois suivants, de brosses ou sortes de ventouses non sillonnées longitudinalement. Dernier arceau du ventre échancré. 4ᵉ à 10ᵉ articles des antennes moins serrés, coupés en ligne à peu près droite à leur extrémité.

*Epicauta late-lineolata* (MOTSCHOULSKY).

Long. 0,0157 à 0,0168 (7 à 7 1,2). Larg. 0,0033 à 0,0030 (1 1/2 à 1 1/3).

PATRIE : La Russie asiatique.

OBS. Cette espèce nous a été donnée par M. le colonel de Manderstjerna, sous le nom que nous avons conservé.

Elle a tant d'analogie avec l'*E. erythrocephala*, qu'on serait tenté au premier aspect de la considérer comme identique avec celle-ci. Mais, outre la taille, qui est constamment plus avantageuse dans celle qui nous occupe, cette dernière se distingue par divers caractères. Dans l'*E. late-lineolata*, la bande noire couvrant la ligne médiane de la tête est soit presque uniformément assez étroite ou graduellement rétrécie d'arrière en avant; et la bande longitudinale médiane de duvet cendré des élytres se recourbe à la base jusqu'à l'écusson. Dans l'*E. erythrocephala*, la bande noire de la ligne médiane de la tête va en s'élargissant jusque vers le milieu de l'espace compris entre le vertex et la partie postérieure du front, puis elle se rétrécit assez brusquement pour s'élargir de nouveau en forme de tache tricuspide ou en losange; et la bande longitudinale médiane de duvet cendré des élytres ne se courbe pas à la base vers l'écusson. Dans les ♂ et ♀ de l'*E. late-lineolata,* les quatre premiers articles des tarses antérieurs sont munis en dessous d'une brosse ; chez l'*E. erythrocephala,* le ♂ seul offre le 1ᵉʳ article de ses tarses antérieurs seul garni en dessous d'une brosse, et le tarse de la ♀ en est dépourvu, du moins chez les exemplaires que nous avons eus sous les yeux.

### 5. **E. erythrocephala** ; PALLAS.

*Noir. Tête d'un rouge testacé ; rayée d'une ligne longitudinale médiane depuis la partie postérieure du front jusqu'à celle du vertex ; ornée sur cette ligne d'une bande noire, élargie d'arrière en avant, puis rétrécie avant son extrémité antérieure et ordinairement terminée par un renflement tricuspide. Prothorax élargi jusqu'aux deux cinquièmes, subparallèle ensuite ; plus long que large ; orné d'une bande longitudinale et d'une étroite bordure basilaire de duvet cendré. Elytres parées chacune dans leur périphérie d'une bordure de duvet cendré prolongée depuis l'angle huméral jusqu'à l'écusson, et d'une bande de duvet pareil, naissant des trois cinquièmes de la base et longitudinalement prolongée jusqu'aux neuf dixièmes.*

♂ 1ᵉʳ article des tarses antérieurs dilaté longitudinalement un peu en arc et garni de poils grossiers à son côté interne ; garni en dessous d'une brosse de poils destinée à faire l'office de ventouse et non sillonnée longitudinalement : les suivants dépourvus de brosse et sillonnés. 5ᵉ à 10ᵉ articles des antennes serrés, obliquement coupés, offrant à leur côté externe une sorte d'entaille dans laquelle s'insère l'article suivant.

♀ 1ᵉʳ article des tarses antérieurs à peine dilaté ; dépourvu en dessous de brosse et longitudinalement rayé, ainsi que les suivants. Dernier arceau du ventre échancré. 5ᵉ à 10ᵉ articles des antennes coupés en ligne à peu près droite à leur extrémité.

*Cantharis sonchi,* LEPECH. Reis. t. 1, p. 264. 16, fig. 8. — GMEL, C. LINN. Syst. nat. t. 1, p. 1896. 52.

*Meloe erythrocephalus*, Pallas, Reis. t. 1, App. p. 466. 46. — *Id*. Texte fr. par Gauthier de la Peyronie, t. 1, App. p. 726. 46. — Goeze, Entom. Beytr. t. 1, p. 703. 10.

*Lytta erythrocephala*, Fabr. Spec. ins. t. 1, p. 329. 8. — *Id*. Mant. ins. t. 1, p. 216. 9. — *Id*. Ent. Syst. t. 1. 2, p. 86. 15. — *Id*. Syst. Eleuth. t. 2, p. 80. 21. — Herbst, *in* Fuessly's, Arch. p. 145. 2, pl. 30, fig. 2. — *Id*. Trad. fr. p. 166. 3, pl. 30, fig. 2. — Gmel, C. Linn. Syst. nat. t. 1, p. 2014. 8. — Illig. Mag. t. 5, p. 172. 21.

*Meloe albivittis*, Pallas, Icon. ins. p. 101. 33, pl. E, fig. 33.

*Meloe erythrocephala*, de Villers, C. Linn. Entom. t. 1, p. 403. 16.

*Cantharis erythrocephala*, Oliv. Ency. méth. t. 5, p. 279. 15. — *Id*. Entom. t. 5, n° 46, p. 12. 11, pl. 2, fig. 16. — Tauscher, Enum. etc. *in* Mém. de la Soc. imp. des Natur. de Mosc. t. 3 (1812), p. 157. 5, pl. 11, fig. 2. — J.-B. Fischer, Tentam. Consp. Canthar. p. 20. 49. — Fischer de Waldh. Entom. de Russ. t. 2, p. 229, pl. 42, fig. 6.

*Epicauta erythrocephala*, Dej. Catal. (1835), p. 225. — *Id*. (1837), p. 247. — L. Redtenb. Faun. Austr. p. 621. — Küster, Kaef. Europ. p. 5. 73.

Long. 0,0112 à 0,0135 (5 à 6¹). Larg. 0,0024 à 0,0033 (1 1/8 à 1 1/2).

*Corps* allongé; convexe. *Tête* obsolètement ponctuée; hérissée sur la majeure partie de sa surface de poils noirs, assez courts, mi-couchés; garnie sur l'épistome, sur le front, sur les côtés et la partie postérieure des tempes, de poils blancs, mi-couchés sur les premières de ces parties, hérissés sur la dernière; rayée d'une ligne longitudinale médiane depuis la partie postérieure du front jusqu'à celle du vertex; d'un rouge testacé; ornée sur la ligne médiane d'une bande longitudinale noire, étroite à sa partie postérieure, graduellement élargie jusque vers la moitié de l'espace compris entre la partie postérieure du front et le sommet du vertex, presque aussi large dans ce point que la longueur de l'espace qui la sépare du sommet du vertex, puis rétrécie et ordinairement terminée en devant par une tache renflée, tricuspide ou en losange : épistome et labre noirs ou obscurs. *Palpes* noirs. *Antennes* prolongées jusqu'aux deux cinquièmes ou un peu plus des élytres; à peine renflées dans leur milieu; rétrécies

à partir du 6e ou 7e article : à articles 3e à 11e serrés, subcylindriques, subcomprimés : le 3e près de moitié plus grand
que le suivant; noires, avec les deux premiers articles en
majeure partie, le dessus du 3e et quelquefois d'une partie
du 4e d'un rouge testacé; garnies à la base de poils blancs.
*Yeux* échancrés. *Prothorax* d'un cinquième plus large que
long; élargi en ligne droite depuis les côtés du cou jusqu'aux
deux cinquièmes de sa longueur, parallèle ou à peine subsinué ensuite; tronqué ou faiblement entaillé en angle très
ouvert et muni d'un rebord très étroit, à la base; marqué
de points assez rapprochés; planiuscule ou peu convexe;
rayé d'une ligne longitudinale médiane; noir; garni de poils
concolores, fins, couchés, peu apparents; orné d'une bande
de poils cendrés ou d'un blanc cendré sur la ligne médiane,
d'une autre très étroite sur le rebord basilaire; garni sur les
côtés de poils pareils, un peu clair-semés. *Ecusson* revêtu de
poils cendrés. *Elytres* finement granuleuses; noires; garnies
de poils concolores, très fins, couchés, peu distincts; ornées
chacune d'une bordure de poils cendrés, prolongée depuis
l'angle huméral jusqu'à l'extrémité et en remontant la suture
jusqu'à l'écusson : cette bordure égale latéralement au huitième ou au dixième de la largeur d'un étui, au niveau de
la partie postérieure du calus, graduellement un peu rétrécie,
plus large à l'extrémité, uniformément étroite à la suture;
ornées en outre d'une bande d'un duvet cendré, naissant de
la base, vers les trois cinquièmes de la largeur de celle-ci,
longitudinalement prolongée jusqu'aux neuf dixièmes environ
de la longueur, égale au cinquième environ de la largeur
d'un étui. *Dessous du corps* et *pieds* noirs, garnis de poils
cendrés.

Patrie : La Russie méridionale.

**AA**. Eperon externe des tibias postérieurs à peu près égal à l'interne. Antennes filiformes ou grossissant plus ou moins sensiblement vers l'extrémité chez les ♀ (s. g. *Isopentra*).

♂ Elytres noires, bordées de roux testacé.

### 6. **E. ambusta**; Pallas.

*Allongé ; médiocrement ponctué et garni de poils mi-hérissés sur la tête et sur le prothorax ; finement ruguleux snr les élytres ; noir. Prothorax orné d'une bande longitudinale médiane de poils d'un roux livide, garni de poils pareils sur son rebord basilaire. Elytres entourées, excepté à la base, d'une bordure d'un roux livide, plus développée à l'extrémité ; garnies sur les bordures suturale et marginale de poils concolores ; ornées chacune d'une bande longitudinale de poils d'un roux livide. Tête rayée d'une ligne médiane depuis le milieu du front jusqu'au vertex. Prothorax plus long que large.*

♂ Antennes subfiliformes ; grossissant un peu vers l'extrémité ; à articles cylindriques, tronqués en ligne droite à l'extrémité. Dernier arceau du ventre entier. Articles des tarses non dilatés. Tibias antérieurs légèrement échancrés en dessous, vers le tiers basilaire ou un peu plus de leur longueur.

*Meloe ambusta,* Pallas, Icon. p. 102. E. 34, pl. E, fig. 34.

*Lytta ambusta,* Schœnh. Syn. ins. t. 3, p. 25. 26.

*Cantharis ambusta,* J.-B. Fischer, Tentam. Consp. Cantharid. p. 19. 41.

Long. 0,0067 à 0,0112 (3 à 5). Larg. 0,0011 à 0,0021 (1/2 à 1).

*Corps* allongé. *Tête* noire ou d'un noir brûlé ; marquée de points médiocres et médiocrement rapprochés ; hérissée de poils noirs, mi-couchés ; rayée d'une ligne longitudinale médiane plus prononcée sur le vertex et avancée jusqu'au milieu du front, où elle se termine ordinairement par une petite fossette. *Palpes* noirs, avec les deux premiers articles souvent en partie d'un roux testacé ou d'un brun testacé. *Yeux* échancrés. *Antennes* prolongées jusqu'aux deux cinquièmes ou un peu plus des élytres ; noires ou d'un noir brun, avec les trois premiers articles ordinairement en partie d'un roux testacé brunâtre ; hérissées de poils sur leurs cinq à sept premiers articles, brièvement pubescentes sur les autres : à articles 5ᵉ à 10ᵉ plus longs que larges : le 3ᵉ égal environ aux deux suivants réunis. *Prothorax* élargi depuis les côtés du cou jusqu'aux deux cinquièmes, parallèle ensuite ; plus long que large ; tronqué et rebordé à la base ; noir ; ponctué et garni de poils comme la tête ; rayé d'une ligne longitudinale médiane ; orné sur celle-ci d'une bandé formée de poils d'un roux pâle ; garni de poils semblables plus courts et plus épais sur le rebord basilaire ; offrant ordinairement des poils pareils sur les côtés du repli. *Ecusson* garni de poils d'un roux pâle ou testacé. *Elytres* un peu élargies d'avant en arrière ; d'un noir brûlé, avec la suture, le bord externe et l'extrémité, d'un roux pâle : la bordure marginale de largeur presque uniforme, égale environ au neuvième ou dixième de la largeur d'un étui : la bordure suturale étroite vers l'écusson, graduellement élargie postérieurement : la bordure apicale inégale, couvrant un huitième ou un septième de la longueur des étuis : les bordures suturale et latérale garnies de poils d'un roux testacé ; finement granuleuses et garnies de poils noirs, fins, couchés, peu apparents ; ornées chacune d'une bande longitudinale de poils d'un roux pâle ou testacé, naissant vers les trois cinquièmes de la base de l'élytre, prolongée presque jusqu'à la bordure apicale. *Dessous du corps* et *pieds* noirs ; garnis de poils peu épais, d'un roux livide ou d'un testacé livide. Tibias postérieurs et premier article des tarses postérieurs ordinairement d'un roux livide à la base : tibias antérieurs garnis en dessous d'un duvet d'un flave testacé ou d'un roux livide : les autres mi-hérissés en dessous de poils noirs. Tarses garnis en dessous de poils un peu raides.

Patrie : La Daourie.

Obs. Dejean paraît l'avoir d'abord peu nettement distinguée de la suivante dans son Catal. de 1833. Il l'en sépara nettement dans celui de 1837.

*DD.* Elytres noires, non bordées de roux testacé.

### 7. **E. megalocephala** ; Gebler.

*Allongé ; garni en dessus de poils noirs, peu apparents surtout sur les élytres ; noir, avec une tache ponctiforme sur le front et la base du 1ᵉʳ article des tarses postérieurs d'un roux flave. Prothorax orné d'une bande longitudinale médiane de poils cendrés ; garni de poils pareils sur le rebord basilaire. Elytres parées, excepté à la base, d'une bordure de poils cendrés et d'une bande longitudinale de poils semblables.*

♂ Antennes graduellement rétrécies à partir du 3ᵉ article : les 3ᵉ à 6ᵉ extérieurement subdentés, obliquement coupés et offrant une petite entaille à leur extrémité, vers le point d'insertion de l'article suivant : le 3ᵉ un peu renflé : les 7ᵉ à 10ᵉ tronqués à leur extrémité. 1ᵉʳ article des tarses antérieurs plus épais, dilaté inférieurement, arqué sur sa tranche inférieure : les suivants de moins en moins dilatés. 1ᵉʳ article des tarses intermédiaires un peu arqué en courbe rentrante. Dernier arceau du ventre entaillé jusqu'au tiers.

♀ Antennes filiformes ou graduellement à peine plus grosses vers l'extrémité. Articles des tarses antérieurs peu épais, peu dilatés en dessous : le 1ᵉʳ faiblement arqué sur sa tranche inférieure : le 1ᵉʳ des intermédiaires droit. Dernier arceau du ventre entier ou à peine échancré.

*Lytta megalocephala,* Gebler, insect. Sibir. decas. prima, *in* Mém. de la Soc. imp. des Natur. de Mosc. t. 3 (1812), p. 318. 5. — *Id.* Notice etc. *in* Nouv. Mém. de la Soc. i. d. Nat. d. Mosc. t. 2 (1832), p. 58. — J.-B. Fischer, Tentam. Consp. Cantharid. p. 20. 46.

*Lytta megalocephala,* Fischer de Waldh. Entomogr. de Russie, t. 2, p. 229, pl. 40, fig. 6.

*Epicauta megalocephala,* Dej. Catal. (1833), p. 225. — *Id.* (1837), p. 247.

**Var. *A*.** Elytres dépourvues du rebord marginal et de la bande longitudinale de duvet cendré.

*Lytta maura,* Falderm. Species Nov. Coleopter. Mongol. et Sibir. incol. *in* Bullet. de la Soc. imp. d. Nat. de Mosc. t. 6, 1835, p. 61 ?

Long. 0,0078 à 0,0100 (3 1/2 à 4 1/2). Larg. 0,0036 à 0,0039 (2/3 à 3/4).

*Corps* allongé. *Tête* noire; ornée d'une tache ponctiforme ou allongée sur le milieu de la moitié postérieure du front, c'est-à-dire ne dépassant pas le niveau du bord postérieur des yeux; ponctuée; mi-hérissée de poils noirs, fins et courts; sans traces ou presque sans traces de ligne longitudinale médiane. *Palpes* noirs. *Yeux* échancrés. *Antennes* prolongées presque jusqu'à la moitié de la longueur des élytres ou un peu moins; noires, avec le 1er et parfois le 2e article en partie d'un fauve testacé, translucide; subcomprimées; brièvement pubescentes : à articles 3e à 11e notablement plus longs que larges : le 3e, le plus grand, égal ou presque égal aux deux suivants réunis : le 4e, le plus court après le 5e, de moitié plus long que celui-ci : les 6e à 10e presque égaux, une fois au moins plus longs que larges. *Prothorax* sensiblement plus étroit que la tête; élargi presque en ligne droite depuis les côtés du cou jusqu'aux deux cinquièmes de sa longueur, subparallèle ensuite; tronqué et rebordé à la base; plus long que large; noir; ponctué et garni de poils noirs, courts et peu apparents, comme la tête; rayé d'une ligne longitudinale médiane transformée en sillon graduellement plus profond dans sa moitié postérieure; paré sur cette ligne d'une bande formée de poils d'un blanc cendré; garni sur le rebord basilaire de poils semblables, plus courts et plus serrés; offrant sur les côtés du repli des poils semblables. *Ecusson* noir; revêtu de poils cendrés. *Elytres* noires; finement granuleuses; garnies de poils noirs, fins, couchés, peu apparents; ornées dans leur périphérie, excepté à la base, d'une bordure d'un

duvet cendré : la bordure suturale réduite au rebord : la postérieure étroite, peu serrée et parfois presque nulle : l'externe
égale environ au septième de la largeur, au-dessous du calus,
graduellement un peu rétrécie ensuite jusqu'à l'extrémité ;
ornées chacune d'une bande longitudinale d'un duvet semblable, naissant du calus huméral et prolongée sur le milieu
de l'élytre jusqu'aux huit neuvièmes de leur longueur. *Dessous
du corps* et *pieds* noirs; garnis de poils d'un blanc cendré :
pieds grêles. Tibias antérieurs un peu échancrés en dessous
vers la moitié de leur crête inférieure : tarses plus longs que
le tibia : 1<sup>er</sup> article des tarses postérieurs d'un roux testacé à
sa base, à peu près aussi long que les deux suivants réunis.

PATRIE : La Sibérie.

OBS. Elle se distingue de l'*E. ambusta* par son front orné
d'une tache ponctiforme d'un rouge jaune; par sa tête sans
traces de ligne médiane; par ses élytres sans bordure d'un
roux testacé, etc.

L'*E. maura* de Faldermann diffère, suivant cet auteur, de
l'*E. megacephala* par une tête un peu plus petite, un prothorax moins étroit, moins rétréci antérieurement; par des
élytres moins étroites, moins arrondies postérieurement et
dépourvues de bordure marginale et de bande longitudinale
de duvet cendré. Quant à ces premières différences, elles
peuvent être sexuelles; les dernières peuvent être l'effet d'une
dépilation. Vraisemblablement, suivant l'opinion de Dejean
(Catal. 1837, p. 247), cette *E. maura* n'est qu'une variation
de l'*E. megacephala*.

# DEUXIÈME BRANCHE.

—

## LES ZONITAIRES.

CARACTÈRES. *Elytres* offrant à leur côté externe, entre la moitié et les trois quarts de la longueur de celui-ci, une sinuosité ou courbe rentrante plus ou moins sensible ; souvent en partie déhiscentes à la suture. *Tête* ordinairement aussi longue depuis l'extrémité des mandibules jusqu'à la partie postérieure de la base des antennes, que depuis ce point jusqu'au vertex. *Antennes* sétacées, au moins chez les ♂. *Ongles* généralement dentés ou pectinés.

Ces insectes se partagent en deux rameaux.

|  | | *Rameaux.* |
|---|---|---|
| Elytres | aussi longuement prolongées que l'abdomen ; non dépasssées postérieurement par les ailes ; en ligne droite à la suture, au moins jusqu'aux trois cinquièmes de leur longueur; ordinairement contiguës jusque au-delà de ce point (du moins pendant la vie). | ZONITATES. |
|  | un peu moins longuement prolongées que l'abdomen ; dépassées postérieurement par les ailes qu'elles voilent incomplètement ; déhiscentes et en ligne courbe ou sinuée à la suture, au moins à partir de la moitié de leur longueur et souvent presque depuis l'écusson. | SITARATES. |

# PREMIER RAMEAU.

—

## Les Zonitates.

CARACTÈRES. *Elytres* aussi longuement prolongées que l'abdomen ; non dépassées postérieurement par les ailes ; en ligne droite à la suture, au moins jusqu'aux trois cinquièmes de leur longueur; ordinairement contiguës jusque au-delà de ce point (du moins pendant la vie).

Ces insectes se répartissent dans les genres suivants :

*Genres.*

**Prothorax** — plus long que large ; élargi depuis les côtés du cou jusqu'aux deux cinquièmes ou trois septièmes de ses côtés, subparallèle ensuite. Elytres munies d'un rebord marginal très distinct. Mâchoires frangées, dépassant les mandibules. **MEGATRACHELUS.**

**moins long que large.**

**Elytres munies d'un rebord marginal.** — Elytres sans rebord marginal distinct. Mâchoires frangées, dépassant les mandibules. Palpes maxillaires notablement moins longs que les antennes. **ZONITIS.**

Palpes maxillaires offrant leurs trois derniers articles aussi longs ou à peu près que les antennes. **LEPTOPALPUS.**

**Palpes maxillaires notablement moins longs que les antennes. Elytres un peu déhiscentes postérieurement à la suture.** — Mâchoires linéaires, ciliées, infléchies à leur extrémité, plus longuement prolongées que les palpes maxillaires. **NEMOGNATHA.**

Mâchoires moins longuement prolongées que les palpes maxillaires. 1er article des antennes notablement plus court que le 3e, au moins chez le ♂. **APALUS.**

## Genre *Megatrachelus*, MEGATRACHÈLE; V. de Motschoulsky (1).

(μεγας, grand ; τραχηλος, cou).

CARACTÈRES. *Prothorax* plus long que large; élargi depuis les côtés du cou jusqu'aux deux cinquièmes ou trois septièmes, subparallèle ensuite. *Elytres* munies d'un rebord marginal

---

(1) Lettre de V. de Motschoulsky à la Soc. impér. des Natur. de Moscou, *in* Bullet. de la Soc. imp. des Nat. de Mosc. t. 18 (1845), p. 85. 243. — *Id.* Tiré à part, p. 85. 243.

M. de Motschoulsky, dans sa concision souvent un peu trop grande, se borne à dire : Les *Megatrachelus* se distinguent des *Zonitis* par leur corselet plus ou moins globuleux.

très distinct et d'un rebord sutural souvent oblitéré postérieurement. *Labre* à peu près aussi long que large. *Mandibules*
cornées, arquées vers leur extrémité. *Mâchoires* frangées,
dépassant un peu les mandibules. *Palpes* filiformes ou à peu
près. *Yeux* obliquement transverses, échancrés. *Antennes*
allongées, grèles : à 1$^{er}$ article aussi long ou presque aussi
long que le 3$^e$ : les 3$^e$ à 11$^e$ notablement plus longs que larges.
*Pieds* allongés. *Eperon externe* des tibias postérieurs ordinairement épais : l'interne souvent peu grèle. *Ongles* offrant
l'une des branches de chacun de leurs crochets pectinée ou
dentée.

1. M. politus ; Gebler.

*Allongé; d'un noir brillant, avec les élytres d'un roux jaune ou d'un flave
roussâtre; parées chacune de deux taches ponctiformes, noires, disposées sur leur
ligne longitudinalement médiane : l'une au tiers, l'autre aux deux tiers de leur
longueur. Tête ponctuée en devant, presque lisse sur le vertex. Prothorax un peu
plus long que large ; presque lisse ou superficiellement pointillé ; glabre. Elytres
rebordées latéralement et plus fortement à la suture.*

♂ Antennes grèles ; sétacées ; prolongées environ jusqu'aux
trois cinquièmes de la longueur des élytres ; subdentées.
Sixième arceau du ventre longitudinalement divisé en deux
branches, séparées à la base, courbées en dedans à leur
extrémité.

♀ Sixième arceau du ventre faiblement entaillé.

*Zonitis polita*, Gebler, Notice sur les Coléopt. etc. *in* Nouv. Mém. de la Soc. des
Natur. de. Mosc. t. 2, p. 58. 1.

*Megatrachelus politus*, V. de Motschoulsky, Remarques, etc. *in* Bullet. de la
Soc. imp. des Nat. de Mosc. t. 18 (1845), n° 1, p. 84. — *Id.* Tiré à part,
p. 84.

Long. 0,0100 à 0,0123 (4 1/2 à 5 1/2). Larg. 0,0033 à 0,0039 (1 1/2 à 1 3/4).

*Corps* allongé ; subcylindrique. *Tête* d'un noir luisant ou
brillant ; peu distinctement et parcimonieusement garnie de

poils courts et d'un livide flavescent; ponctuée sur le front;
superficiellement pointillée ou presque lisse sur le vertex;
marquée d'une fossette ou parfois d'une dépression transversale sur le milieu du front. *Epistome* noir; ordinairement
marqué d'une fossette. *Labre* aussi long que large; en ogive
en devant. *Antennes* prolongées jusque au-delà de la moitié
de la longueur des étuis; grêles, noires : à 1$^{er}$ article plus
court que le 5$^e$ : le 2$^e$ égal au deux cinquièmes du 1$^{er}$ : le 3$^o$
trois fois aussi long que large, à peine aussi grand que le
suivant, au moins aussi long que le dernier : les 5$^e$ à 10$^e$
graduellement un peu moins longs. *Prothorax* élargi en ligne
peu courbe depuis les côtés du cou jusqu'aux trois septièmes
de sa longueur, offrant dans ce point sa plus grande largeur,
un peu rétréci ensuite jusqu'aux angles postérieurs; tronqué
à la base et muni d'un rebord qui la déborde un peu aux
angles postérieurs; un peu plus long que large; médiocrement
convexe sur le dos; d'un noir brillant; lisse ou superficiellement pointillé; glabre. *Ecusson* assez grand; en triangle
obtusément arrondi à son extrémité; pointillé et pubescent
à la base; lisse et luisant à l'extrémité. *Elytres* légèrement
en courbe rentrante vers les deux tiers de la longueur de
leur bord externe; rebordées latéralement; obtusément et
un peu obliquement arrondies chacune à l'extrémité; plus
longuement prolongées en arrière, près de la suture, qu'à
l'extrémité opposée; presque semi-cylindriques; munies d'un
rebord sutural plus prononcé sur l'externe et prolongé presque jusqu'à l'extrémité; parcimonieusement pointillées près
de la base, ruguleusement pointillées sur le reste; peu distinctement garnies de poils fins, clair-semés, couchés et
souvent usés ou indistincts; d'un roux jaune, d'un rouge
jaune ou d'un jaune ou flave roussâtre; ornées chacune de
deux taches ponctiformes, noires : la première située vers le
tiers de leur longueur, occupant le quart médiaire de leur

largeur : la deuxième située vers les deux tiers de leur longueur, en ovale transverse, couvrant la moitié médiaire de
leur largeur. *Dessous du corps* et *pieds* noirs ; pointillés ; pubescents ; luisants. *Cuisses postérieures* un peu plus grosses
et un peu arquées en devant. *Eperon externe* des tibias postérieurs généralement épais. Premier article des tarses postérieurs flave à la base, presque égal aux deux suivants
réunis.

Patrie : La Sibérie.

### 2. M. caucasicus ; Pallas.

*Allongé ; noir, avec les élytres d'un rouge orangé, parées chacune de trois*
*points noirs : les 1ᵉʳ et 2ᵉ constituant avec leurs pareils une rangée transversale*
*ou à peine arquée en devant, un peu avant le tiers : le 3ᵉ un peu avant les deux*
*tiers de leur longueur, vers les deux tiers de leur largeur. Tête hérissée de poils*
*blancs ; densement ponctuée sur le front. Prothorax élargi depuis les côtés du*
*cou jusqu'aux trois septièmes, parallèle ensuite; d'un quart plus long que large,*
*marqué de deux fossettes vers le tiers de sa longueur; faiblement ponctué. Elytres*
*rebordées latéralement.*

*Meloe caucasica*, Pallas, Icon. p. 94. 24. pl. 6, fig. 24.

*Mylabris sex-maculata*, Fabr. Syst. Eleuth. t. 2, p. 84. 16. — Latr. Hist. nat.
t. 10, p. 372. 8. — Schœnh. Syn. ins. t. 3, p. 43.

*Zonitis caucasica*, Tauscher, Enum. etc. *in* Mémoir. de la Soc. imp. d. Natur. d.
Mosc. t. 3 (1812), p. 161. 6, pl. 11, fig. 9. — Saint-Fargeau et A. Serville,
Ency. méth. t. 10, p. 821. 7. — De Casteln. Hist. nat. t. 2, p. 275. 2. —
Küster, Kaef. Europ. 1. 52.

*Megatrachelus caucasicus*, V. de Motschoulsky, Remarques, etc. *in* Bullet. de la
Soc. i. d. Natur. de Mosc. t. 18 (1845), p. 84. — *Id.* Tiré à part, p. 84.

Long. 0,0123 à 0,0146 (5 1,2 à 6 1,2). Larg. 0,0033 à 0,0039 (1 1/2 à 1 3/4).

*Corps* allongé ; subcylindrique. *Tête* noire ; hérissée de
poils cendrés, médiocrement longs ; marquée de points très
serrés sur la moitié antérieure du front, moins rapprochés
sur le vertex et laissant ordinairement une trace ou quelques
espaces imponctués sur la ligne médiane. *Epistome* livide ou

d'un livide obscur à son bord antérieur. *Labre* aussi long
que large ; faiblement échancré en devant ; subsillonné ou
déprimé longitudinalement sur son milieu. *Antennes* grêles ;
noires ; à 1ᵉʳ article à peu près aussi long que le 3ᵉ : le 2ᵉ à
peine égal au tiers du 1ᵉʳ : le 3ᵉ trois fois aussi long que large,
à peine aussi grand que le suivant, moins long que le dernier : les 4ᵉ à 10ᵉ presque égaux. *Prothorax* élargi en ligne
peu courbe depuis les côtés du cou presque jusqu'aux trois
septièmes de sa longueur, parallèle ou à peine graduellement
élargi ensuite ; tronqué et relevé à la base en un rebord qui
la déborde aux angles postérieurs ; d'un quart au moins plus
long que large ; médiocrement convexe sur le dos ; noir,
luisant ou brillant ; presque glabre ; marqué de points peu
rapprochés et peu profonds ; généralement creusé de fossettes
ponctiformes et profondes, transversalement situées vers le
tiers de sa longueur ; noté au devant du milieu de la base
d'une dépression arquée en arrière. *Ecusson* en triangle à
côtés sinués et à extrémité subarrondie ; noir ; garni de poils
fins, cendrés et couchés. *Elytres* légèrement en courbe rentrante vers les trois cinquièmes de leur longueur ; obtusément
arrondies chacune à l'extrémité ; plus longuement en ligne
courbe et un peu plus prolongées en arrière près de la suture
qu'à l'extrémité opposée ; presque semi-cylindriques ; à peine
ruguleuses ; munies d'un rebord marginal et d'un rebord
sutural s'oblitérant postérieurement ; chargées de deux très
faibles nervures longitudinales ; d'un rouge orangé ; ornées
chacune de trois points noirs : les 1ᵉʳ et 2ᵉ formant avec leurs
pareils une rangée transversale ou à peine arquée en devant,
vers le quart de la longueur : le 1ᵉʳ ou interne situé du tiers
aux deux cinquièmes de la largeur : le 2ᵉ un peu plus postérieur vers les trois quarts de la largeur : le 3ᵉ ordinairement
le moins petit, souvent égal au cinquième au moins de la
largeur d'un étui, situé un peu avant les deux tiers de leur

longueur, des trois aux quatre cinquièmes de la largeur.
*Dessous du corps* et *pieds* noirs ; luisants ; garnis de poils cendrés, assez longs ; squammuleusement ponctués. *Cuisses postérieures* un peu arquées en devant et un peu plus grosses que les autres. *Eperons des tibias postérieurs* en général également épais. 1<sup>er</sup> article des tarses postérieurs d'un quart à peine plus long que le suivant. *Ongles* fauves.

Patrie : Le Caucase.

### 3. M. puncticollis ; Chevrolat.

*Allongé ; peu convexe ; presque glabre. Tête, disque du prothorax, élytres, dessous du corps et base des cuisses, verts ou d'un vert bleuâtre ; périphérie du prothorax, majeure partie des cuisses et deux derniers arceaux du ventre, d'un rouge jaune ; antennes, genoux, tibias et tarses, noirs.*

*Zonitis puncticollis,* Chevrolat, *in* Guérin, Iconogr. du Règn. anim. p. 135, pl. 35. — Mulsant et Wachanru, Première Série de Coléopt. nouv. *in* Mulsant, Opuscules, t. 1, p. 173. 16. — *Id. in* Mém. de l'Acad. des sc. de Lyon, nouv. Série, t. 2 (1852), p. 13. 16.

Long. 0,0078 à 0,0095 (8 1/2 à 4 1/2). Larg. 0,0012 à 0,0024 (1 à 1 1,8).

*Corps* allongé ; peu convexe. *Tête* d'un bleu vert ou d'un vert bleuâtre ; marquée de points rapprochés et pointillée sur les intervalles étroits qui séparent ceux-ci ; garnie de poils clair-semés, d'un livide cendré. *Epistome* et *labre* noirs : celui-ci plus long que large, arqué en devant, sillonné ou déprimé longitudinalement. *Palpes* noirs. *Antennes* noires ; prolongées environ jusqu'aux quatre cinquièmes de la longueur du corps ; grêles : à 1<sup>er</sup> article un peu plus grand que le 3<sup>e</sup> : le 2<sup>e</sup> à peine égal au tiers du 1<sup>er</sup> : le 3<sup>e</sup> trois fois aussi long que large, à peine aussi grand que le suivant : les 4<sup>e</sup> à 10<sup>e</sup> à peine aussi longs : le dernier un peu plus grand que le 3<sup>e</sup>. *Prothorax* tronqué en devant ; émoussé aux angles de devant ; élargi en ligne presque droite jusqu'aux trois septièmes de sa longueur ; à peine élargi à partir de ce point jusqu'à la base, où il offre sa plus grande largeur ; tronqué à cette dernière ; transversalement déprimé au devant du milieu de celle-ci, qui est relevé en un rebord épais ; d'un cinquième environ plus long que large ; peu convexe ; parcimonieusement pointillé ; ordinairement marqué d'une dépression transverse vers le cinquième de sa longueur ; d'un rouge jaune ou d'un rouge rosé ; orné sur son disque d'une tache verte, presque en carré plus long que large, tantôt couvrant moins de la moitié médiaire de la longueur et de la largeur, tantôt plus développée et occupant la majeure partie de la surface, de manière à ne laisser qu'une bordure périphérique d'un rouge rosé : repli, de cette dernière couleur, avec une tache verte près des hanches. *Ecusson* presque carré ; un peu rétréci d'avant en arrière ; bleu vert, bleu obscur ou vert bleuâtre ; pointillé ; offrant une trace longitudinale médiane. *Elytres* sensiblement en courbe rentrante vers les deux tiers de leur longueur ; munies d'un faible rebord marginal et d'un rebord sutural plus marqué ; arrondies chacune à l'extrémité ; peu convexes ; à peine ruguleuses ; d'un vert bleuâtre ; presque glabres ; peu distinctement garnies de quelques poils fins et courts. *Dessous du corps* squammuleusement pointillé ; garni de poils livides ; vert, d'un vert bleu ou bleu vert obscur, avec les deux derniers arceaux du ventre d'un rouge jaune. *Pieds* pubescents ; grêles : hanches et base des cuisses d'un bleu vert : majeure partie des cuisses jusque près du genou, d'un rouge jaune ou d'un rouge flave : genoux, tibias et tarses, noirs. *Eperon externe* des tibias postérieurs ordinairement un peu plus épais. *Premier article* des tarses intermédiaires et postérieurs presque aussi long que les deux suivants réunis : celui des tarses de devant proportionnellement un peu moins long.

Patrie : La Turquie d'Asie.

## Genre *Zonitis*, Zonite ; Fabricius (1).

Caractères. *Prothorax* moins large que long. *Elytres* sans rebord marginal distinct. *Mâchoires* frangées, dépassant les mandibules. *Palpes maxillaires* notablement moins longs que les antennes. *Ongles* offrant une branche de chacun de leurs crochets pectinée ou dentée (2).

### 1. Z. Paulinae.

*Allongé ; pubescent ; entièrement fauve ou d'un fauve testacé, avec les dix derniers articles des antennes noirs. Prothorax élargi en ligne courbe depuis les côtés du cou jusqu'au tiers ou aux deux cinquièmes, parallèle ensuite ; ponctué ; presque glabre ; déprimé transversalement vers le tiers de sa longueur. Elytres finement et squammuleusement ponctuées ; garnies de poils couchés d'un fauve testacé.*

♂ Dernier arceau du ventre entaillé presque jusqu'à sa base, comme bilobé.

♀ Inconnue.

Long. 0,0112 à 0,0123 (5 à 5 1,2). Larg. 0,0033 (1 1/2).

*Corps* allongé ; très médiocrement convexe. *Tête* fauve ; ponctuée. *Antennes* noires, avec le 1er ou les deux 1ers articles fauves : le 1er un peu moins grand que le 3e : le 2e de moitié ou des trois cinquièmes aussi long que le suivant : ce 3e article trois fois aussi long que large, à peu près égal au suivant. *Prothorax* élargi en ligne courbe depuis les côtés du cou jusqu'au tiers ou aux deux cinquièmes de sa longueur, parallèle ensuite ; tronqué ou plutôt un peu arqué en arrière et

---

(1) Fabricius, System. Entom. p. 126.

(2) Voyez pour les autres caractères : Mulsant, Hist. nat. des Coléopt. de Fr. (*Vésicants*), p. 166.

rebordé à la base; d'un cinquième au moins plus large à celle-ci que long sur son milieu; médiocrement convexe; fauve; marqué de points médiocres, assez rapprochés, donnant naissance à un poil court, peu apparent, parfois usé; transversalement déprimé vers le tiers de sa longueur. *Ecusson* grand; en triangle presque aussi long que large; pointillé; pubescent; fauve. *Elytres* sans rebord marginal; obtusément et un peu obliquement arrondies chacune à l'extrémité; médiocrement convexes; d'un fauve testacé; squammuleusement pointillées et finement ponctuées; garnies de poils fins, assez longs, couchés, d'un fauve testacé ou flavescents. *Dessous du corps* et *pieds* fauves; squammuleusement ponctués; garnis de poils flavescents ou d'un fauve testacé.

Patrie : La Gallilée.

Obs. Elle a été découverte en Gallilée par M^me Pauline Mulsant, religieuse à Nazareth, à qui nous l'avons dédiée.

### 2. **Z. praeusta**; Fabricius.

*Allongé; ordinairement d'un flave rouge ou d'un jaune testacé, avec les palpes, l'extrémité des élytres, la majeure partie du postpectus, les hanches et les tarses, noirs; parfois avec partie de la tête, du ventre et des pieds, également noirs; plus rarement avec les élytres ou même tout le corps, noirs. Prothorax arqué en devant jusqu'au tiers de sa longueur, parallèle ensuite ou faiblement sinué; plus large que long. Elytres pubescentes.*

*Zonitis praeusta*, Fabricius, Voy. Mulsant, Hist. nat. des Coléopt. de Fr. (*Vésicants*), p. 169.

Long. 0,0067 à 0,0112 (3 à 5). Larg. 0,0022 à 0,0033 (1 à 1 1/2).

Patrie : La France, etc.

### 3. **Z. mutica**; Fabricius.

*Allongé; noir, avec le prothorax d'un flave rougeâtre et les élytres d'un jaune ou flave testacé. Prothorax presque tronqué en devant; à angles antérieurs peu émoussés; un peu rétréci d'avant en arrière depuis le cinquième de sa longueur; d'un cinquième au moins plus large que long; ponctué. Elytres pubescentes.*

*Zonilis mutica*, Fabr. Voy. Mulsant, Hist. nat. des. Coléopt. de Fr. (*Vésicants*), p. 167.

Long. 0,0090 à 0,0135 (4 à 6). Larg. 0,0029 à 0,0039 (1 1/3 à 1 3/4).

**Patrie** : La France et divers autres pays de l'Europe.

### 4. **Z. sexmaculata ;** Olivier.

*Elytres d'un roux testacé, avec l'extrémité et deux taches sur chacune, noires : l'une de ces taches, au tiers : l'autre aux deux tiers de leur longueur; parfois ponctiformes; d'autres fois couvrant presque entièrement les étuis. Tête, prothorax, antépectus, cuisses et tibias, ordinairement d'un roux flave, rarement noirs : médi et postpectus et premiers arceaux du ventre, de cette dernière couleur. Prothorax presque tronqué en devant, avec les angles antérieurs arrondis jusqu'au quart ou au tiers de sa longueur, subsinuément parallèle ensuite.*

*Zonilis sexmaculala*, Olivier, Voy. Mulsant, Hist. nat. des Coléopt. de Fr. (*Vésicants*), p. 173.

Long. 0,0090 à 0,0135 (4 à 6¹). Larg. 0,0026 à 0,0036 (1 1,3 à 1 2,3).

**Patrie** : Le midi de la France et diverses autres parties de l'Europe méridionale.

### 5. **Z. quadripunctata** ; Fabricius.

*Suballongé; très médiocrement convexe; pubescent; noir; avec les élytres d'un roux testacé ou d'un flave orangé, ordinairement ornées chacune de deux taches noires, parfois presque ponctiformes, parfois presque en carré, situées : l'une peu après le tiers : l'autre peu avant les deux tiers, rapprochées de la suture, plus éloignées du bord externe. Tête et prothorax ponctués : le prothorax élargi en ligne courbe jusqu'au quart ou au tiers, parallèle ensuite; plus large que long ; déprimé ou marqué de deux points fossettes, après le bord antérieur; rayé postérieurement d'une ligne médiane. Epistome creusé d'une fossette. 1er article des antennes plus court que le 3e.*

♂ Sixième arceau ventral divisé en deux branches graduellement rétrécies de la base à l'extrémité, arquées en dehors et convergentes postérieurement.

♀ Sixième arceau ventral entaillé à son extrémité.

ETAT NORMAL DES ÉLYTRES. *Elytres* rousses, d'un roux testacé ou d'un flave orangé; ornées chacune de deux taches noires, ordinairement presque égales ou variablement un peu inégales, presque carrées : la première un peu oblique, moins rapprochée de la suture d'avant en arrière, voisine du rebord sutural à son angle antéro-interne, étendue jusqu'aux trois cinquièmes de la largeur de chaque étui à son bord antérieur, et un peu plus au postérieur, depuis les deux septièmes jusqu'à un peu plus des trois septièmes de leur longueur : la seconde étendue depuis le huitième ou le septième voisin de la suture, jusqu'aux trois quarts environ de la largeur, depuis les quatre septièmes jusqu'à un peu plus des cinq septièmes de la longueur des étuis.

*Variations* (par défaut).

VAR. *A*. Elytres sans taches.

VAR. *B*. Elytres offrant d'une manière plus ou moins affaiblie la deuxième tache ponctiforme des élytres.

VAR. *C*. Taches plus petites que dans l'état normal, ordinairement ponctiformes ou presque ponctiformes, ordinairement plus larges que longues, parfois à peine plus larges ou aussi larges que le tiers de la largeur d'un étui.

*Mylabris quadripunctata*, FABRIC. Entom. Syst. t. 1. 2, p. 89. 10. — *Id*. Syst. Entom. t. 2, p. 84. 15.

*Zonitis 4-punctata*, ILLIG. Magaz. t. 3, p. 173. 15. — SAINT-FARGEAU et A. SERVILLE, Encycl. méth. t. 10, p. 821. 4. — DE CASTELN. Hist. nat. t. 2, p. 725. 1.

VAR. *D*. Tache antérieure subponctiforme : la postérieure en carré transverse.

ETAT NORMAL.

OBS. Parfois la partie postérieure de la suture est noire.

*Variations* (par excès).

**Var.** *E.* Taches postérieures plus développées que dans l'état normal : la postérieure surtout, subtransverse.

**Obs.** Souvent alors la suture est noire à son extrémité postérieure.

Long. 0,0100 à 0,0135 (4 1,2 à 6). Larg. 0,0033 à 0,0045 (1 1/2 à 2).

*Corps* allongé ou suballongé ; assez faiblement ou très médiocrement convexe ; garni en dessus de poils courts, mihérissés et noirs, sur la tête et sur le prothorax, concolores, soyeux, fins et couchés, sur les élytres. *Tête* élargie d'avant en arrière ; planiuscule sur le front ; marquée de points rapprochés et médiocres ou assez gros ; presque sans traces d'une ligne médiane ou n'en offrant que de faibles traces ; noire. *Epistome* en partie imponctué et creusé d'une fossette. *Antennes* noires ; allongées ; à 1$^{er}$ article d'un quart moins long que le 5$^e$ : le 2$^e$ égal aux deux tiers du 1$^{er}$ : le 3$^e$ trois fois au moins aussi long que large, faiblement plus grand que le suivant, plus long que le dernier : les 4$^e$ à 10$^e$ allongés : les 9$^e$ et 10$^e$ un peu moins. *Prothorax* élargi en ligne courbe depuis les côtés du cou jusqu'au tiers environ de sa longueur, parallèle ensuite ; tronqué et rebordé à la base ; d'un quart ou d'un tiers plus long que large ; très médiocrement convexe ; noir ; marqué de points un peu plus gros que ceux de la tête ; déprimé transversalement après le bord antérieur ou souvent seulement marqué de deux fossettes transversalement disposées ; rayé d'une ligne longitudinale médiane depuis cette dépression jusqu'au rebord basilaire. *Ecusson* grand ; en triangle au moins aussi long que large, obtus à son extrémité ; noir ; ponctué. *Elytres* légèrement en courbe rentrante vers la moitié de leur longueur ; obliquement et très obtusément tronquées ou subarrondies à leur extrémité ; plus prolongées et ordinairement plus arrondies à l'angle sutural qu'au côté opposé ; peu ou très médiocrement convexes ; à peu près sans rebord marginal ; munies d'un rebord sutural assez faible, qui s'efface avant l'extrémité ; colorées et peintes comme il a été dit. *Dessous du corps* et *pieds* noirs ; squammuleusement ponctués et garnis de poils fins. *Cuisses postérieures* un peu arquées à leur bord antérieur et plus grosses que les autres. *Eperon externe* des tibias postérieurs épais. *Premier article* de tous les tarses un peu moins long que les deux suivants réunis : le premier des postérieurs testacé à la base.

Patrie : La Russie méridionale.

### 6. **Z. fulvipennis** ; Fabricius.

*Allongé ; peu convexe ; pubescent ; noir, avec les élytres d'un roux jaune ou d'un roux testacé, sans taches. Tête et prothorax assez densement ponctués : le prothorax presque en carré d'un quart au moins plus large que long ; élargi en ligne courbe depuis les côtés du cou jusqu'au quart, parallèle ensuite ; transversalement marqué de deux grosses fossettes vers le tiers de sa longueur ; rayé postérieurement d'une ligne médiane. Elytres sans rebord marginal ; relevées en rebord à la base sur les côtés de l'écusson et sillonnées après ce rebord.*

♂ Inconnu.

♀ Sixième arceau du ventre échancré.

*Zonitis fulvipennis,* Fabr. Ent. Syst. t. 1. 2, p. 49. 4. — *Id.* Syst. Eleuth. t. 2, p. 24. 6. — Illig. Magaz. t. 3, p. 163. 6. — Schoenh. Syn. ins. t. 2, p. 340. 5. — Tauscher , Enum. etc. *in* Mém. de la Soc. i. d. Natur. de Mosc. t. 3 (1812), p. 163. 9, pl. 11, fig. 11. — Fischer (Gotthelf), Mém. de la Soc. imp. d. Natur. de Mosc. t. 3, p. 163, pl. 11, fig. 12. — Saint-Fargeau et A. Serville, Encycl. méth. t. 10, p. 821. 3. — Ménétriés. Catal. p. 211. 944.

Long. 0,0157 (7). Larg. 0,0045 (2).

*Corps* allongé ; planiuscule ou très peu convexe ; pubescent en dessus. *Tête* noire ; couverte de points assez petits ou médiocres et serrés ; hérissée de poils obscurs, courts et mi-relevés; offrant depuis le milieu du front jusqu'au vertex un sillon médian, obsolète. *Epistome* offrant sur sa moitié antérieure un espace carré d'un testacé livide; déprimé ou creusé d'une fossette. *Palpes* noirs. *Yeux* échancrés. *Antennes* grèles; sétacées; à 1er article à peine plus grand que les deux tiers du 3e : le 2e égal à la moitié du 1er : le 3e trois à quatre fois aussi long que large, au moins aussi grand que le suivant, à peu près égal au dernier : les 4e à 11e presque également allongés. *Prothorax* presque en carré transverse; élargi en ligne courbe depuis les côtés du cou jusqu'au quart de la longueur de ses côtés; subsinuément parallèle ensuite; tronqué et rebordé à la base; d'un quart ou d'un tiers plus large que long; planiuscule ou très peu convexe; ponctué et garni de poils comme la tête; creusé de deux grosses fossettes ponctiformes, transversalement disposées du quart au tiers de sa longueur, une de chaque côté de la ligne médiane; rayé, depuis les deux cinquièmes de sa longueur jusqu'au rebord basilaire, d'un sillon médian plus marqué vers les trois cinquièmes ou deux tiers. *Ecusson* assez grand; en triangle obtus ou subarrondi à son extrémité; aussi long que large; noir; ponctué et garni de poils courts; transversalement sillonné ou déprimé avant la moitié de sa longueur. *Elytres* très légèrement en courbe rentrante vers les trois cinquièmes de leur longueur; arrondies chacune à l'extrémité; peu convexes; d'un jaune testacé ou d'un roux jaune; squammuleuses; garnies de poils soyeux, fins, couchés et concolores; à fossettes humérales étendues jusqu'à l'écusson, avec la moitié interne de la base relevée en rebord et formant après celui-ci un sillon subbasilaire profond et nettement limité, un peu obliquement transverse, étendu jusqu'aux trois cinquièmes de la largeur de chaque étui. *Dessous du corps* et *pieds* noirs; garnis de poils fins et concolores; squammuleusement ponctués. *Cuisses postérieures* plus grosses et sensiblement arquées en devant. *Eperon externe* des tibias postérieurs épais, près d'une fois plus long que l'interne. *Premier article des tarses* un peu moins long que les deux suivants réunis : le premier des postérieurs brièvement flavescent à la base.

PATRIE : La Russie méridionale, la Perse, la Turquie d'Asie.

OBS. Nous n'avons eu sous les yeux qu'un exemplaire de cette espèce et nous ne saurions ainsi être assurés si le caractère indiqué par les élytres d'avoir leur rebord relevé à la base sur les côtés de l'écusson, et d'offrir après ce rebord un sillon transverse, est constant. A part ce caractère, qui serait très distinctif s'il existait toujours, le *Z. fulvipennis* s'éloigne des variétés sans taches du *Z. 4-punctata* avec lequel il a beaucoup d'analogie, par une taille plus avantageuse ; par son corps plus large et un peu moins convexe ; par sa tête sans traces de ligne médiane ; par son labre un peu échancré en devant ; par son prothorax proportionnellement un peu plus large ; par le premier article des tarses postérieurs brièvement flavescent à la base.

### 7. **Z. bifasciata** ; SCHOENHERR.

*Allongé ; très peu convexe ; pubescent ; noir, avec les élytres d'un roux orangé, avec deux bandes transversales et l'extrémité, noires : la première couvrant ordinairement sur la suture presque depuis l'écusson jusqu'aux deux cinquièmes de leur longueur, moins développée en se rapprochant des bords latéraux : la deuxième, des trois cinquièmes aux trois quarts de leur longueur. Tête et prothorax marqués de points serrés et médiocres : le prothorax planiuscule ; presque en carré d'un tiers plus large que long ; offrant une ligne médiane ordinairement incomplète ; déprimé transversalement après son bord antérieur. Epistome creusé d'une fossette. 1er article des antennes plus court que le 3e.*

Zonitis bifasciata, SCHŒNHERR, Syn. ins. t. 2, p. 540. 13. (décrit par Swartz).
— SAINT-FARGEAU et A. SERVILLE, Encycl. méth. t. 10, p. 821. 5.

Long. 0,0135 à 0,0157 (6 à 7). Larg. 0,0045 (2).

*Corps* allongé ; planiuscule ou très peu convexe sur le dos ; garni sur la tête et sur le prothorax de poils noirs, assez courts, mi-relevés, parfois en partie usés, et sur les élytres de poils fins, couchés, concolores, peu apparents. *Tête* noire ; marquée de points serrés et médiocres ; offrant à peine les traces d'une ligne longitudinale médiane. *Epistome* en partie imponctué et creusé d'une fossette. *Antennes* prolongées un peu plus longuement que la moitié des élytres ; noires ; grêles ; subfiliformes : à 1<sup>er</sup> article d'un quart moins long que le 3<sup>e</sup> : le 2<sup>e</sup> plus grand que la moitié du 1<sup>er</sup> : le 3<sup>e</sup> à peine plus grand que le 4<sup>e</sup>, trois ou quatre fois aussi long que large, à peu près aussi long que le dernier : les 4<sup>e</sup> à 11<sup>e</sup> allongés : les 9<sup>e</sup> et 10<sup>e</sup> un peu moins. *Prothorax* presque en carré ; d'un tiers ou de moitié plus large que long, émoussé aux angles ; tronqué et rebordé à la base ; planiuscule ; ponctué comme la tête ; rayé d'une ligne longitudinale médiane, ordinairement indistincte postérieurement ; transversalement déprimé après le bord antérieur jusqu'aux deux cinquièmes de sa longueur ; noir. *Ecusson* grand ; en triangle aussi long que large ; noir ; ponctué. *Elytres* faiblement en courbe rentrante vers les deux tiers de leur bord externe ; arrondies chacune à l'extrémité ; planiuscules sur le dos ; ruguleuses ou ruguleusement ponctuées ; à peu près sans rebord marginal ; munies d'un rebord sutural postérieurement affaibli ; d'un roux orangé ; ornées chacune de deux bandes transversales, noires ou d'un noir brûlé : la première commençant sur la suture presque immédiatement après l'écusson, et prolongée jusqu'aux deux cinquièmes ou un peu moins de leur longueur, graduellement moins développée longitudinalement en se rapprochant du bord latéral qu'elle atteint à peine : la seconde couvrant environ depuis les trois cinquièmes jusqu'aux trois quarts de

leur longueur, offrant en outre, depuis cette seconde bande
et brièvement le bord apical, noirs. *Dessous du corps* et *pieds*
noirs ; garnis de poils concolores. *Cuisses postérieures* comprimées, un peu arquées à leur bord antérieur et plus grosses
que les autres. *Eperon externe* des tibias postérieurs, épais.
*Premier article* des tarses antérieurs un peu plus long que le
suivant : le premier des postérieurs un peu moins long que
les deux suivants réunis.

PATRIE : La Hongrie (collect. Reiche).

OBS. Elle paraît avoir été découverte par de Koy.

### 8. **Z. atra** ; SCHOENHERR.

*Allongé ; peu convexe ; brun, brun noir ou noir ; pubescent. Tête et pro-*
*thorax marqués de points médiocres, assez serrés : le prothorax élargi en*
*ligne courbe depuis les côtés du cou jusqu'au tiers de sa longueur, parallèle*
*ensuite ; plus large que long ; transversalement déprimé après le bord anté-*
*rieur ; rayé, après cette dépression, d'une ligne médiane. Epistome creusé*
*d'une fossette. 1ᵉʳ article des antennes plus court que le 3ᵉ.*

*Zonitis atra,* SCHOENHERR, Syn. ins. t. 2, p. 340. 12 (décrite par Swartz). — SAINT-
FARGEAU et A. SERVILLE, Encycl. méth. t. 10, p. 821. 6.

Long. 0,0112 à 0,0123 (5 à 5 1/2). Larg. 0,0033 à 0,0036 (1 1/2 à 1 2,3).

*Corps* allongé ; peu convexe ; entièrement brun, brun noir
ou noir ; garni en dessus de poils concolores, assez courts et
mi-relevés sur la tête et sur le prothorax, fins, couchés,
soyeux, médiocrement apparents sur les élytres. *Tête* élargie
d'avant en arrière ; planiuscule sur le front ; marquée de
points rapprochés et assez petits ; sans trace ou presque sans
trace de ligne longitudinale médiane. *Epistome* en partie
imponctué et creusé d'une fossette. *Antennes* prolongées
environ jusqu'à la moitié des élytres ; sétacées, au moins
chez le ♂ : à 1ᵉʳ article d'un tiers moins grand que le 3ᵉ : le
2ᵉ égal aux deux tiers au moins du 1ᵉʳ · le 3ᵉ trois fois au

moins aussi long que large, au moins aussi grand ou plus grand que le dernier : les 4ᵉ à 10ᵉ allongés : les 9ᵉ et 10ᵉ un peu moins. *Prothorax* élargi en ligne courbe depuis les côtés du cou jusqu'au tiers ou un peu plus de sa longueur, parallèle ensuite ; tronqué et rebordé à la base ; peu convexe ; ponctué un peu moins finement que la tête ; déprimé transversalement presque depuis le bord antérieur jusqu'au tiers de sa longueur ; rayé d'une ligne ou d'un sillon longitudinal peu profond, depuis la dépression transversale jusque près du rebord basilaire. *Écusson* grand ; en triangle à côtés un peu curvilignes ; ponctué. *Elytres* à peine en courbe rentrante vers les deux tiers de leur bord externe ; obtusément arrondies chacune à leur extrémité ; plus prolongées près de la suture que du côté externe ; peu convexes ; sans rebord externe ; munies d'un rebord sutural graduellement affaibli postérieurement ; squammuleusement ponctuées. *Dessous du corps* et *pieds* squammuleusement ponctués et garnis de poils concolores. *Cuisses postérieures* un peu arquées à leur bord antérieur et plus grosses que les autres. *Eperon externe* des tibias postérieurs épais. *Premier article* de tous les tarses un peu moins grand ou presque aussi grand que les deux suivants réunis.

Patrie : La Hongrie (collect. Reiche).

Obs. Elle paraît avoir été également signalée pour la première fois par Koy.


Genre *Leptopalpus*, LEPTOPALPE ; Guérin (1).

(λεπτὸς, grêle ; *palpus*, palpe).


CARACTÈRES. *Prothorax* un peu moins long que large. *Palpes maxillaires* offrant leurs trois derniers articles aussi longs ou

---

(1) GUÉRIN, Iconogr. du. Règn. anim. p. 136, pl. 55, fig. 15.

à peu près que les antennes ; inclinés sur la poitrine dans l'état de repos ; prolongés jusqu'au 1er ou jusqu'au 2e arceau ventral. *Palpes labiaux* quatre fois moins longs. *Mandibules* allongées, arquées et simples à leur extrémité. *Mâchoires* un peu plus longuement prolongées que les mandibules. *Labre* à peu près aussi long que large, entier. *Antennes* filiformes ; assez longues : à 2e article à peu près aussi grand que le 1er, un peu moins long que, le 3e : celui-ci un peu plus grand que le suivant : les 4e à 10e plus longs que larges, presque égaux. *Yeux* un peu obliquement transverses ; presque d'égale longueur ; à peine échancrés ; près d'une fois plus longs que larges. *Elytres* médiocrement ou peu flexibles ; peu ou point déhiscentes à la suture. *Pieds* médiocres. *Tibias postérieurs* à peine aussi longs que la cuisse ; au moins aussi longs que le tarse ; à éperon interne ordinairement un peu moins épais que l'externe. *Ongles* offrant l'une des branches de chacun de leurs crochets, pectinée ou dentée.

### 1. **L. rostratus** ; Fabricius.

*Suballongé ; faiblement pubescent ; d'un rouge jaune, avec les antennes, l'extrémité des mandibules, des palpes et des tarses, le dessous du corps moins les derniers arceaux, et trois taches ponctiformes sur chaque élytre, noirs : ces taches situées sur la ligne longitudinalement médiane de chaque étui, à la base, aux deux cinquièmes et aux deux tiers de leur longueur.*

♂ Cinquième arceau ventral un peu entaillé : le sixième longitudinalement fendu.

♀ Sixième arceau ventral entier ou à peine échancré.

*Zonitis rostrata,* Fabr. Entom. Syst. t. 1. 2, p. 50. 7. — *Id.* Syst. Eleuth. t. 2, p. 24. 10. — Latr. Gener. t. 2, p. 224, *obs.* pl. 10, fig. 12. — Schœnh. Syn. ins. t. 2, p. 540. 10.

*Nemognatha rostrata,* Olivier, Encycl. méth. t. 8 (1811), p. 175. 1. — Rosenhauer, Die Thier. Andalus. p. 232.

*Nemognatha quadrinotata,* (Dejean), Catal. (1833), p. 227. — *Id.* (1837), p. 249.

*Leptopalpus chevrolati,* Guérin, Icon. du R. anim. (planches), pl. 33, fig. 13.

*Leptopalpus rostratus,* Guérin, Iconogr. du Règn. anim. (texte), p. 156, pl. 35.
fig. 13, a, tête; fig. 13, b, mâchoire et palpe; fig. 13, c, crochets des tarses,
— Lucas, Explor. sc. de l'Algér. p. 395. 1026, pl. 54, fig. 7, et 7 *a,* à *c,*
détails.

Long. 0,0090 à 0,0095 (4 à 4 1,4). Larg. 0,0033 (1/2).

*Corps* suballongé; médiocrement convexe. *Tête* d'un rouge
jaune; faiblement ou presque obtusément ponctuée; peu distinctement hérissée de poils courts, fins, d'un blanc cendré;
un peu déprimée sur le milieu du front; montrant souvent
sur la ligne médiane une trace lisse et imponctuée. *Mandi-*
*bules* d'un rouge testacé, avec l'extrémité noire. *Palpes* d'un
roux testacé ou d'un roux brunâtre, ordinairement d'un brun
noirâtre à l'extrémité et sur une partie de leur longueur.
*Antennes* prolongées jusqu'aux deux cinquièmes ou un peu
plus des élytres; noires: à 1er article à peine aussi grand que
le 2º : celui-ci et le suivant à peu près égaux, deux fois et
quart environ aussi longs que larges : les 4e à 10e un peu
moins grands, surtout les premiers : le dernier aussi long
que le 3e, rétréci dans sa seconde moitié. *Prothorax* arrondi
ou élargi en ligne courbe depuis les côtés du cou jusqu'aux
deux cinquièmes de sa longueur, subsinuément un peu rétréci
ensuite jusqu'aux angles postérieurs; à peine rebordé à la
base; un peu plus large que long; d'un rouge jaune; presque
glabre; ponctué; offrant les traces d'un sillon longitudinal
médian; parfois marqué d'une fossette de chaque côté de
cette ligne, du quart au tiers de sa longueur. *Ecusson* grand;
en triangle obtusément arrondi à son extrémité; pointillé;
parcimonieusement pubescent; d'un rouge jaune ou roux
flave. *Elytres* parallèles; obtusément arrondies à l'extrémité,
prises ensemble; médiocrement convexes; d'un rouge jaune
ou d'un roux flave; finement ponctuées; garnies de poils fins,
couchés, d'un livide cendré; ornées chacune de trois taches

ponctiformes, noires : la première ovalaire, vers le milieu de la base : la deuxième ovale, du tiers aux trois septièmes de la longueur, vers le milieu de la largeur, dont elle égale le quart : la troisième arrondie, égale en largeur à la deuxième, sur la même ligne longitudinale que celle-ci, vers les deux tiers de leur longueur. *Dessous du corps* pubescent; noir, avec le repli prothoracique et les deux derniers arceaux du ventre, d'un rouge jaune ou d'un roux testacé : le 4$^e$ arceau ventral souvent brunâtre. *Pieds* pubescents; d'un roux flave, avec les deux ou trois derniers articles des tarses obscurs ou noirâtres. *Eperon* des tibias postérieurs épais, surtout l'externe.

PATRIE : L'Algérie.

OBS. Cette espèce a été découverte par Desfontaines.

## Genre *Nemognatha*, NEMOGNATHE; Illiger (1).

(γημα, fil; γναθες, mâchoire).

CARACTÈRES. *Prothorax* presque en carré; plus large que long. *Elytres* munies d'un rebord marginal très distinct; assez fortement en courbe rentrante à leur bord externe; flexibles; un peu déhiscentes postérieurement à la suture *Mâchoires* linéaires; à lobe interne presque nul : l'externe allongé en forme de lanière ciliée, infléchie à son extrémité; plus longuement prolongées que les palpes maxillaires, etc.

Voy. MULSANT, Hist. nat. des Coléopt. de Fr. *(Vésicants)*, p. 177.

### 1. **N. nigripes**; SUFFRIAN.

*Antennes, bouche, écusson, dessous du corps et pieds, noirs. Tête et prothorax d'un rouge jaune : la première, noirâtre postérieurement sur*

---

(1) ILLIGER, Magaz. t. 6 (1807), p. 333. — Voyez aussi : LATREILLE, Considérat. sur l'Ordre nat. des anim (1810), p. 216. — OLIVIER, Encycl. méth. t. 8 (1811), p. 174, etc.

*les côtés du cou : le second, orné, un peu avant le milieu de la ligne médiane, d'une tache orbiculaire noire. Elytres d'un jaune testacé, avec l'extrémité noire sur le tiers postérieur du bord externe, et parées chacune sur le milieu de leur largeur, vers les trois huitièmes de leur longueur, d'une tache noire, arrondie, ordinairement plus ou moins développée.*

*Nemognatha nigripes,* Suffrian, Voy. Mulsant, Hist. nat. des Coléopt. de Fr. (*Vésicants*), p. 178.

Long. 0,0061 à 0,0122 (2 3/4 à 5). Larg. 0,0018 à 0,0045 (7,8 à 2).

Patrie : Le midi de la France, l'Espagne, etc.

## 2. N. chrysomelina ; Fabricius.

*Poitrine et ventre, moins l'extrémité de ce dernier, et ordinairement antennes et tarses, noirs. Tête et prothorax d'un roux flave : le second orné, un peu avant le milieu de la ligne médiane, d'une tache orbiculaire noire. Ecusson, élytres, cuisses et tibias, d'un flave testacé : le premier ordinairement marqué d'une bande longitudinalement médiane plus ou moins large, noirâtre : les élytres avec l'extrémité noire, et parées chacune sur le milieu de leur largeur, vers les trois huitièmes de leur longueur, d'une tache noire, en carré obliquement disposé.*

*Nemognatha chrysomelina,* Fabricius, Voy. Mulsant, Hist. nat. des Coléopt. de Fr. (*Vésicants*), p. 180.

Long. 0,0090 à 0,0135 (4 à 6). Larg. 0,0028 à 0,0039 (1 1 5 à 2).

Patrie : La Russie méridionale, etc.

## Genre *Apalus*, Apale ; Fabricius (1).

(ἀπαλός, mou).

Caractères. *Prothorax* moins long que large. *Elytres* munies d'un rebord marginal; un peu déhiscentes postérieurement à la suture; flexibles. *Palpes maxillaires* visiblement

---

(1) Fabricius, Syst. Entomol. p. 127.

moins longs que les antennes; filiformes. *Tête* inclinée; triangulaire. *Mandibules* cornées; fortement arquées à l'extrémité. *Mâchoires* à deux lobes : l'interne court, presque nul: l'externe allongé, cilié. *Languette* membraneuse, tronquée. *Lèvre* échancrée. *Yeux* un peu obliquement transverses; étroits; un peu échancrés vers le milieu de leur côté interne. *Antennes* insérées près de l'échancrure des yeux; allongées ou assez allongées; sétacées et comprimées chez le ♂. *Ongles* offrant l'une des branches de chacun de leurs crochets pectinée ou dentée. *Corps* suballongé; peu convexe.

### 1. **A. bimaculatus** ; Linné.

*Suballongé; peu convexe; noir, avec les élytres d'un jaune pâle, ornées chacune, vers les trois quarts de leur longueur, d'une tache ponctiforme, noire, plus rapprochée de la suture que du bord externe. Tête et prothorax densement et assez finement ponctués et hérissés de poils noirs.*

♂ Antennes sétacées; prolongées environ jusqu'aux quatre cinquièmes de la longueur du corps : à 1<sup>er</sup> article graduellement renflé, à peine égal aux deux tiers de la longueur du 3<sup>e</sup> article : les 3<sup>e</sup> à 10<sup>e</sup> comprimés, sensiblement élargis de la base à l'extrémité, subdentés : le 11<sup>e</sup> plus long que le 3<sup>e</sup>, presque également grêle. Sixième arceau ventral fendu longitudinalement, divisé en deux parties graduellement rétrécies de la base à l'extrémité et courbées en dedans vers l'extrémité.

*Cerambyx*, Uddin. Nov. Spec. ins. p. 17. 32.

*Meloe bimaculatus*, Linn. Faun. Succ. p. 228. 828. — *Id.* Syst. Natur. t. 1, p. 680. 9. — Müller (P. L. S.), C. Linn. Naturs. t. 5, 1<sup>re</sup> part. p. 382. 9. — Goeze, Entom. Beytr. t. 1, p. 699. 9. — De Villers, C. Linn. Entom. t. 1, p. 400. 6.

*Apalus bimaculatus*, Fabr. Syst. Entom. p. 127. 1. — *Id.* Spec. ins. t. 1, p. 161. 1. — *Id.* Mant. t. 1, p. 95. 1. — *Id.* Ent. Syst. t. 1. 2, p. 50. 1. — *Id.* Syst. Eleuth. t. 2, p. 24. 1. — Gmel. C. Linn. Syst. Nat. t. 1, p. 1738. 1. — Oliv.

Encycl. méth. t. 4, p. 166. 1. — *Id.* Entom. t. 5, n° 52, p. 5. 1, pl. 1, fig. 2, a, b. — *Id.* Nouv. Dict. d'Hist. nat. t. 2 (1803), p. 2. — Panz. Faun. Germ. 104. 4. — Rœmer, Gener, p. 44, pl. 54, fig. 5. — Payk. Faun. Suec. t. 2, p. 127. 1. — Tigny, Hist. nat. t. 7, p. 156, pl. , fig. 1. — Schœnh. Syn. ins. t. 2, p. 341. 1. — Gyllenh. Ins. Succ. t. 2, p. 487. 1. — Latr. Nouv. Dict. d'Hist. nat. t. 2 (1816), p. 225. — Duméril, Dict. des sc. nat. t. 2 (1816), p. 269. — Lamarck, Anim. S. vert. t. 4, p. 427. 1. — Sahlb. Ins. Fenn. p. 457. 1. — Küster, Kaef. Europ. 1. 53.

*Pyrochroa bimaculata,* de Geer, Mém. t. 5, p. 25. 2, pl. 1, fig. 18. 19. — Retz. Gen. p. 133. 820.

*Zonitis bimaculata,* Illig. Magaz. t. 5, p. 167. — Latr. Hist. nat. t. 10, p. 405. 1. — Gebler, Ledebour's, Reise, t. 2, p. 12. 1. — De Casteln. Hist. nat. t. 2, p. 276. 9.

Long. 0,0112 à 0,0123 (5 à 5 1,2). Larg. 0,0045 (2).

*Corps* suballongé; peu convexe. *Tête* élargie d'avant en arrière jusqu'à son bord postérieur; d'un noir presque mat; ruguleuse; marquée de points contigus, médiocres; assez densement hérissée de poils noirs, assez longs. *Mandibules* brunes. *Palpes* noirs : les maxillaires allongés. *Yeux* un peu obliquement transverses; étroits; subéchancrés. *Antennes* noires : à 2e article court : le 3e trois fois aussi long que large, au moins aussi grand que le suivant : les suivants presque également allongés. *Prothorax* parfois presque tronqué, d'autrefois arqué en devant; émoussé aux angles antérieurs ou élargi en ligne un peu courbe depuis les côtés du cou jusqu'au tiers de sa longueur; faiblement rétréci ensuite jusqu'aux angles postérieurs en formant une assez faible sinuosité dans le milieu de cette partie rétrécie; tronqué et à peine relevé en rebord très étroit, à la base; plus large que long; peu convexe; d'un noir presque opaque; couvert de points serrés, un peu plus petits que ceux de la tête; hérissé, comme elle, de poils noirs, assez longs; offrant souvent les traces d'une ligne ou d'un sillon médian. *Ecusson* noir; rétréci d'avant en arrière; arrondi à sa partie postérieure; pointillé et un peu pubescent en devant; glabre; luisant et presque im-

pointillé postérieurement. *Elytres* de deux cinquièmes plus
larges que le prothorax ; près de quatre fois aussi longues
que lui ; sensiblement en ligne rentrante vers les deux tiers
de son bord externe ; rebordées à ce dernier ; subarrondies
ou en ogive chacune à l'extrémité ; peu convexes ou planiuscules ; postérieurement déhiscentes à la suture ; munies à
celle-ci d'un rebord graduellement affaibli ; offrant les traces
de deux faibles nervures longitudinales : la seconde ou externe,
naissant de l'extrémité d'un striole ou fossette humérale à
peine marquée ; glabres ; rugueusement ponctuées ; d'un jaune
pâle ou flave testacé ; ornées chacune d'une tache noire,
tantôt ponctiforme, tantôt un peu plus développée, souvent
arrondie, quelquefois ovale, droite ou oblique, située presque
aux trois quarts de la longueur, plus rapprochée de la suture
que du bord externe. *Dessous du corps* et *pieds* noirs ; ponctués
et garnis de poils noirs : tarses et parfois tibias en partie
moins obscurs. *Eperon externe* des tibias postérieurs généralement plus épais. *Premier article* des tarses antérieurs de
moitié plus long que le suivant : le premier des postérieurs
presque aussi long que les deux suivants réunis.

Patrie : La Suède, l'Allemagne, etc.

Obs. Les derniers arceaux du ventre sont quelquefois bruns
ou d'un brun rougeâtre quand la matière colorante noire s'est
incomplètement développée. Mais cette variation ne paraît
pas être particulière à la ♀, comme l'a dit Linné. Les tibias
et les tarses, au lieu d'être noirs, sont souvent moins obscurs.

### 2. A. bipunctatus ; Germar.

*Suballongé ; peu convexe ; noir, avec les quatre derniers arceaux du*
*ventre, les tibias, les premiers articles des tarses et les élytres, d'un rouge*
*rosé : celles-ci ornées chacune d'une tache noire, un peu obliquement trans-*
*verse, située des deux tiers aux cinq sixièmes de leur longueur, couvrant*

*ordinairement du huitième interne aux trois quarts de leur largeur. Tête et prothorax densement et finement ponctués et hérissés de poils noirs.*

♂ Antennes sétacées; prolongées environ jusqu'aux quatre cinquièmes de la longueur du corps : à 1ᵉʳ article graduellement renflé, à peine plus grand que la moitié du 3ᵉ : les 3ᵉ à 10ᵉ comprimés, sensiblement élargis de la base à l'extrémité, subdentés : le 11ᵉ plus long que le 3ᵉ. Sixième arceau ventral fendu presque jusqu'à la base.

♀ Nous ne l'avons pas vue.

*Apalus bipunctatus,* (ZIEGLER) (DEJEAN), Catal. (1821), p. 76. — (DAHL), Catal. (1823), p. 49. — GERMAR, Faun. insector. Europ. 14. 6. Voy. MULSANT, Hist. nat. d. Coléopt. de Fr. (*Vésicants*), p.

Long. 0,0112 à 0,0123 (5 à 5 1,2). Larg. 0,0033 à 0,0036 (1 1,2 à 1 2,3).

PATRIE : La Hongrie, la Turquie.

## DEUXIÈME RAMEAU.

—

### Les Sitarates.

CARACTÈRES. *Elytres* un peu moins longuement prolongées que l'abdomen ; dépassées postérieurement par les ailes qu'elles voilent incomplètement ; déhiscentes et en ligne courbe ou sinuées à la suture, au moins à partir de la moitié de leur longueur et souvent presque depuis l'écusson. *Ongles* offrant le plus souvent l'une des branches de chacun de leurs crochets dentée ou pectinée.

Ces insectes se répartissent dans les deux genres suivants :

Elytres {

non sinuées ou en courbe rentrante à la suture, peu après l'écusson ; d'un tiers à peine moins étroites vers la moitié de leur longueur qu'à la base ; graduellement rétrécies à partir de cette moitié jusque près de leur extrémité. Mandibules, ou du moins l'une d'elles, arquée seulement vers son extrémité.     STENORIA.

sinuées ou en courbe rentrante un peu après l'écusson ; plus d'une fois plus étroites vers la moitié de leur longueur qu'à la base ; subparallèles ou faiblement moins étroites dans le milieu de leur seconde moitié. Mandibules courbées presque à angle droit, vers la moitié de leur longueur.     SITARIS.

## Genre *Stenoria*, STENORIE ; Mulsant (1).

CARACTÈRES. *Elytres* non sinuées ou en courbe rentrante à la suture, peu après l'écusson ; d'un tiers à peine moins étroites vers la moitié de leur longueur qu'à la base ; graduellement rétrécies à partir du tiers ou de la moitié jusqu'à leur extrémité. *Mandibules* ou du moins l'une d'elles, arquée seulement vers son extrémité. *Mâchoires* à deux lobes, finement ciliés, presque égaux : l'externe ou supérieur arqué sur l'interne.

### 1. **S. apicalis** ; LATREILLE.

*Noir, avec la moitié postérieure du ventre, les pieds et la majeure partie du prothorax et des élytres, flaves : les élytres noires sur leur sixième postérieur : le prothorax creusé d'une fossette triangulaire vers l'extrémité de la ligne médiane ; le plus souvent orné sur cette ligne d'une bande longitudinale noire, ordinairement raccourcie en devant, parfois accompagnée de chaque côté d'un point noir, ou couvrant la majeure partie de la surface de ce segment.*

*Stenoria apicalis*, LATREILLE, Voy. MULSANT, Hist. nat. des Coléopt. de France ( *Vésicants*), p. 186.

Long. 0,0067 à 0,0078 (3 à 3 1/2). Larg. 0,0022 à 0,0024 (1 à 1 1/8).

---

(1) MULSANT, Hist. nat. des Coléopt. de Fr. (*Vésicants*), p. 186.

Patrie : Le midi de la France et quelques contrées de l'Europe méridionale.

### Genre *Sitaris*, Sitaris ; Latreille (1).

Caractères. *Elytres* sinuées ou en courbe rentrante à la suture, peu après l'écusson ; plus d'une fois plus étroites vers la moitié de leur longueur qu'à la base ; subparallèles dans leur seconde moitié ou à peine moins étroites vers les quatre cinquièmes de leur longueur. *Mandibules* courbées presque à angle droit, vers la moitié de leur longueur.

#### 1. **S. Solieri** ; Pecchioli.

*Noir ou d'un noir brun : deux cinquièmes basilaires des élytres et ventre, d'un roux flave ou testacé : tibias des quatre pieds antérieurs parfois de même couleur.*

*Sitaris solieri*, Pecchioli, Voy. Mulsant, Hist. nat. d. Coléopt. de Fr. (*Vésicants*), p. 189.

Long. 0,0090 à 0,0112 (4 à 5). Larg. 0,0033 à 0,0045 (1 1/2 à 2).

Patrie : Le midi de la France, l'Italie, l'Espagne.

#### 2. **S. muralis** ; Forster.

*Noir ou d'un noir brun : cinquième basilaire des élytres et base du premier article des tarses postérieurs, d'un flave testacé.*

*Sitaris muralis*, Forster, Voy. Mulsant, Hist. nat. des Coléopt. de Fr. (*Vésicants*), p. 191.

Long. 0,0078 à 0,0123 (3 1/2 à 5). Larg. 0,0033 à 0,0042 (1 1/2 à 1 7/8).

Patrie : La France et diverses autres contrées de l'Europe.

---

(1) Latr. Hist. nat. t. 10, p. 402.

Probablement il faut rapporter à ce genre l'espèce suivante, que nous n'avons pas vue :

*S. melanura*, Küster, pubescent ; d'un roux jaune luisant : extrémité des mandibules, antennes, extrémité des élytres et milieu de la poitrine, noirs.

*Silaris melanura*, Küster, Kaef. Europ. 16. 84.

Patrie : L'Espagne. Elle est aussi indiquée du midi de la France ; mais elle n'y a pas été trouvée jusqu'à ce jour, à notre connaissance, du moins.

# EXPLICATION DE LA PLANCHE I<sup>re</sup>.

FIG. 1. Base des antennes du *Bruchus obscuripes*....a. ♂ — b. ♀.
— 2. id. id. » *biguttatus*....a. ♂ — b. ♀.
— 3. id. id. » *variegatus* ...a. ♂ — b. ♀.
— 4. id. id. » *dispar*.......a. ♂ — b. ♀.
— 5. id. id. » *marginellus* ..a. ♂ — b. ♀.
— 6. id. id. » *varius*.......a. ♂ — b. ♀.
— 7. id. id. » *imbricornis*...a. ♂ — b. ♀.
— 8. id. id. » *canaliculatus* .a. ♂ — b. ♀.
— 9. id. id. » *canus*........a. ♂ — b. ♀.
— 10. id. id. » *olivaceus* ....a. ♂ — b. ♀.
— 11. id. id. » *debilis*.......a. ♂ — b. ♀.
— 12. id. id. » *nanus* .......a. ♂ — b. ♀.
— 13. id. id. » *cinerascens*...a. ♂ — b. ♀.
— 14. id. id. » *misellus* .....a. ♂ — b. ♀.

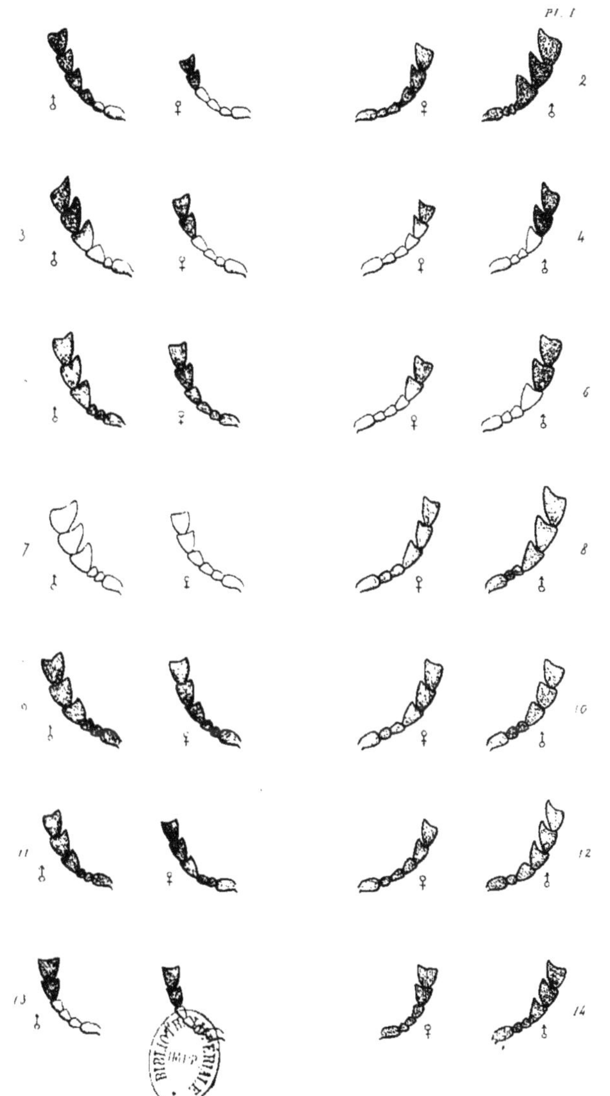
Pl. I
2
3
4
6
7
8
9
10
11
12
13
14
ETUDES SUR LES BRUCHES

## EXPLICATION DE LA PLANCHE IIᵉ.

Fig.  1.  Derniers arceaux du ventre de quelques *Bruchus*. ♂.
—  2.    id.    id.    id.    des *Bruchus* ♀ en général.
—  3.  Base des antennes du *Bruchus tarsalis*. ♀.
—  4.  id.    id.    »  *tibialis*. ♀.
—  5.  id.    id.    »  *pauper*. ♂.
—  6.  id.    id.    »  *inspergatus*. ♂♀.
—  7.  id.    id.    »  *pygmæus* ....a. ♂ — b. ♀.
—  8.  id.    id.    »  *oblongus*.....a. ♂ — b. ♀.
—  9.  id.    id.    »  *anxius* ......a. ♂ — b. ♀.
— 10.  id.    id.    »  *tibiellus*......a. ♂ — b. ♀.
— 11.  id.    id.    »  *miser* .......a. ♂ — b. ♀.
— 12.  id.    id.    »  *murinus* .....a. ♂ — b. ♀.
— 13.  id.    id.    »  *sericatus*. ♀.
— 14.  id.    id.    »  *pisi*. ♂♀.
— 15.  id.    id.    »  *longicornis*...a. ♂ — b. ♀.
— 16.  id.    id.    »  *histrio*.......a. ♂ — b. ♀.
— 17.  id.    id.    »  *jocosus*.......a. ♂ — b. ♀.

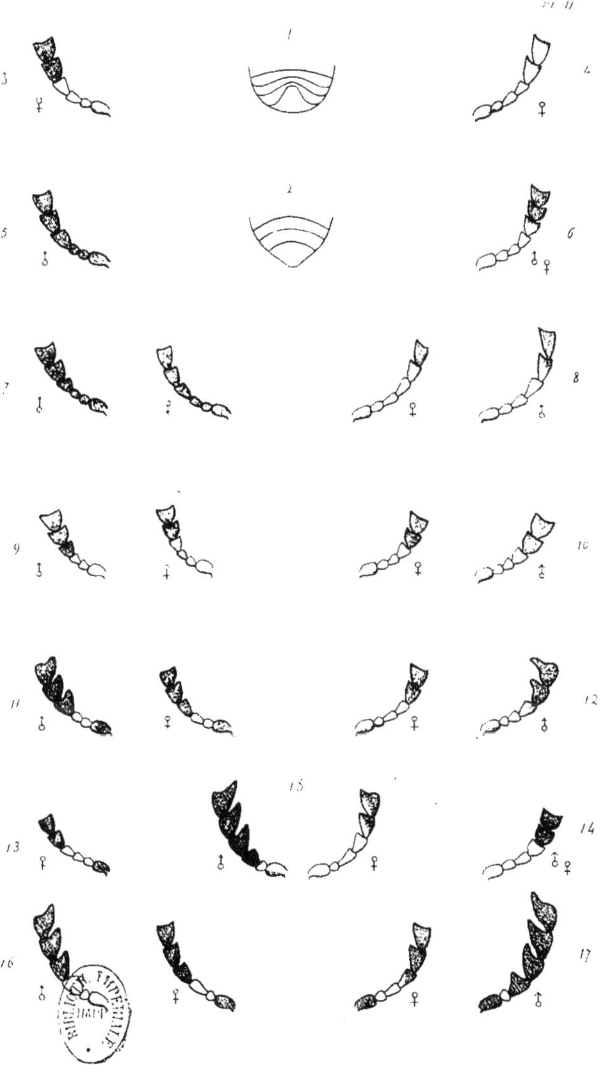

Pl. II
ETUDES SUR LES BRUCHES

## EXPLICATION DE LA PLANCHE IIIᵉ.

Fɪɢ. 1. Tibia intermédiaire du *Bruchus pisi*. ♂.

— 2. id. id. » *pisi*. ♀, et de tous les *Bruchus* ♀ en général.

— 3. Tibia intermédiaire du *Bruchus rufimanus*. ♂.

— 4. id. id. » *flavimanus*. ♂.

— 5. id. id. » *nubilus*. ♂.

— 6. id. id. › *luteicornis*. ♂.

— 7. id. id. » *granarius*. ♂.

— 8. id. id. › *brachialis*. ♂.

— 9. id. id. » *tristis*. ♂.

— 10. id. id. ⸲ *tristiculus*. ♂.

— 11. Tibia antérieur » *sertatus*. ♂.

— 12. Tibia intermédiaire › *sertatus*. ♂.

— 13. id. id. » *pallidicornis*. ♂.

— 14. id. id. » *ulicis*. ♂.

— 15. id. id. » *viciæ*. ♂.

— 16. id. id. › *griseomaculatus*. ♂.

— 17. id. id. » *loti*. ♂.

— 18. id. id. » *laticollis* ♂.

Pl. III

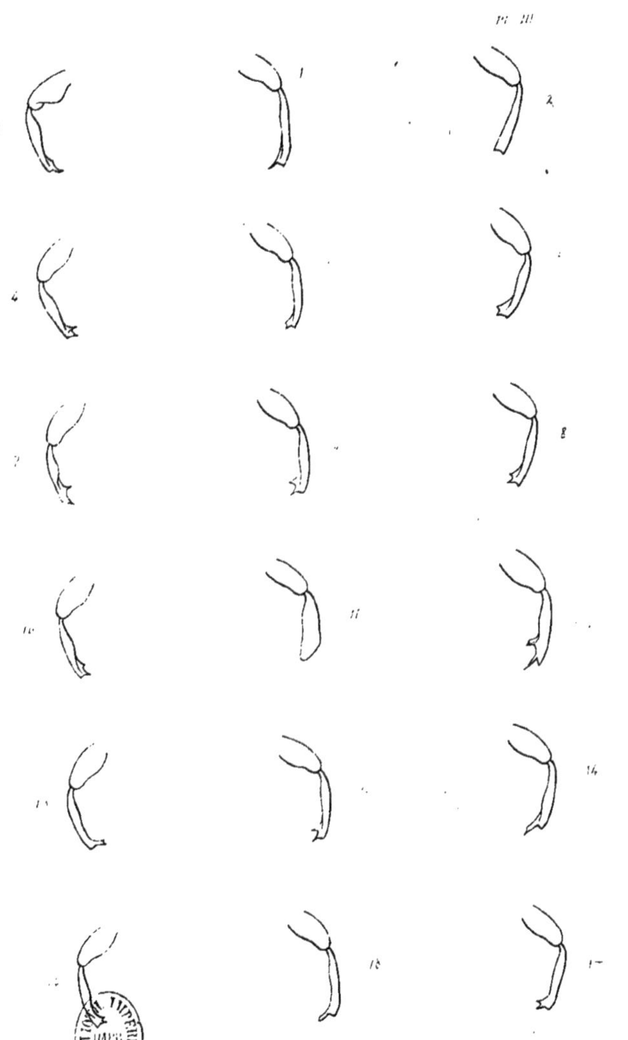

ETUDES SUR LES BRUCHES

# TABLEAU ALPHABÉTIQUE

DES ESPÈCES MENTIONNÉES DANS CE CAHIER.

9 782013 454568